D1695169

ALLE·ZEIT·WACH
1842

F. Daschner (Hrsg.)

Umweltschutz in Klinik und Praxis

Mit 30 Abbildungen und 37 Tabellen

Springer-Verlag
Berlin Heidelberg New York
London Paris Tokyo
Hong Kong Barcelona
Budapest

Prof. Dr. med. Franz Daschner
Direktor des Instituts für Umweltmedizin
und Krankenhaushygiene
Klinikum der Albert-Ludwigs-Universität
Hugstetter Straße 55
79106 Freiburg

ISBN 3-540-57124-8 Springer-Verlag Berlin Heidelberg New York

Die Deutsche Bibliothek – CIP-Einheitsaufnahme
Umweltschutz in Klinik und Praxis: mit 37 Tabellen / F. Daschner (Hrsg.). –
Berlin; Heidelberg; New York; London; Paris; Tokyo; Hong Kong;
Barcelona; Budapest: Springer, 1994
ISBN 3-540-57124-8
NE: Daschner, Franz [Hrsg.]

Herstellung: PRO EDIT, Heidelberg
Umschlaggestaltung: Struwe & Partner, Heidelberg
Satz: Mitterweger Werksatz GmbH, Plankstadt
Druck: Zechnersche Buchbinderei, Speyer
Buchbinder: Schäffer, Grünstadt

27/3130 – 5 4 3 2 1 0 – Gedruckt auf säurefreiem Papier

Vorwort

Freiburg, im Januar 1994

Liebe Kolleginnen und Kollegen,

die meisten Kliniken und ärztlichen Praxen haben noch einen erheblichen Nachholbedarf auf dem Gebiet des Umweltschutzes. Häufig werden zu viel Einwegmaterialien verwendet, umweltbelastende Reinigungsmittel oder unnötige Desinfektionsmittel auf den Boden geschüttet, die Fenster trotz Heizung weit geöffnet, und nicht selten brennt das Licht in den Fluren, auch bei schönstem Sonnenschein.

Hierin unterscheiden sich aber Kliniken und ärztliche Praxen nur wenig von anderen Endverbrauchern der Umwelt.

Dabei sind Kliniken und die ärztliche Praxis geradezu ideale Orte, um von dort aus Beispiele für umweltgerechtes Verhalten zu geben. Im Wartezimmer haben die Patienten oft Zeit und Muse, Informationen über umweltgerechtes Verhalten aufzunehmen, in Kliniken kann man vor allem die jüngere Generation, z. B. in den Krankenpflegeschulen, die Studenten und jungen Ärzte noch beeinflussen, bekanntlich ist eine Verhaltensänderung in höherem Lebensalter schon etwas schwieriger. Dieses Buch, das freundlicherweise und ohne jede Einflußnahme von der BAYER AG gesponsert wurde, soll Ihnen helfen, einige Umweltprobleme an Ihrem Arbeitsplatz zu lösen, wobei dadurch der Hygienestandard in Ihrer Klinik oder Praxis garantiert nicht gesenkt wird. Natürlich konnten wir nicht auf alle Aspekte eingehen. Wenn Sie Ihrerseits noch Anregungen haben, schreiben Sie mir bitte.

Ich wünsche Ihnen viel Erfolg.

Mit freundlichen, kollegialen Grüßen

Ihr

F. Daschner

Inhaltsverzeichnis

Verzeichnis der Beitragsautoren

Mitarbeiter des Instituts für Umweltmedizin
und Krankenhaushygiene, Universitätsklinikum Freiburg:

Brinker, Ludger, Dipl.-Ing. (FH), Krankenhausökologe

Daschner, Franz, Prof. Dr. med., Direktor

Dettenkofer, Markus, Dr. med.

Hartlieb, Tilmann, Dipl.-Ing. (FH), Krankenhausökologe

Kümmerer, Klaus, Dr. rer. nat., Dipl.-Chemiker

Salrein, Gabriele, Krankenschwester für Hygiene

Scherrer, Martin, Dipl.-Ing. (FH), Krankenhausökologe

Steger-Hartmann, Thomas, Dipl.-Biologe

Rechtliche Grundlagen

T. Hartlieb

In der folgenden Übersicht sind die wichtigsten gesetzlichen Grundlagen (Bundesgesetze) zum Schutz der Umwelt zusammengestellt. Neben den Bundesgesetzen gelten die jeweils landesrechtlichen und kommunalen Vorschriften, auf die jedoch in diesem Beitrag nicht näher eingegangen wird. Weiterführende Literatur ist im Literaturverzeichnis angegeben.

Abfallrechtliche Rahmenbedingungen

Für die Entsorgung der Abfälle aus Einrichtungen des Gesundheitsdienstes gelten insbesondere folgende abfallrechtliche Bestimmungen:

- Gesetz über die Vermeidung und Entsorgung von Abfällen *(Abfallgesetz – AbfG)* vom 27. August 1986 (BGBl. I S. 1410 ber. S. 1501), zuletzt geändert durch Gesetz vom 23. September 1990 (BGBl. II S. 885).
- Im Entwurf: Gesetz zur Vermeidung von Rückständen, Verwertung von Sekundärrohstoffen und Entsorgung von Abfällen *(Rückstands- und Abfallgesetz – RAWG)*
- Verordnung zur Bestimmung von Abfällen nach § 2 Abs. 2 des Abfallgesetzes *(Abfallbestimmungs-Verordnung – AbfBestV)* vom 3. April 1990 (BGBl. I S. 614).
- Abfallnachweis-Verordnung *(AbfNachwV)* vom 2. Juni 1978 (BGBl. I S. 668), geändert durch Verordnung vom 18. November 1988 (BGBl. I S. 2126).
- Verordnung zur Bestimmung von Reststoffen nach § 2 Abs. 3 des Abfallgesetzes *(Reststoffbestimmungs-Verordnung – RestBestV)* vom 3. April 1990 (BGBl. I S. 631 ber. S. 862).
- Verordnung über das Einsammeln und Befördern sowie über die Überwachung von Abfällen und Reststoffen *(Abfall- und Reststoffüberwachungs-Verordnung – AbfRestÜberwV)* vom 3. April 1990 (BGBl. I S. 648).
- Verordnung über die Entsorgung gebrauchter halogenierter Lösemittel *(HKWAbfV)* vom 23. Oktober 1989 (BGBl. I S. 1918).
- Verordnung über die grenzüberschreitende Verbringung von Abfällen *(Abfallverbringungs-Verordnung – AbfVerbV)* vom 18. November 1988 (BGBl. I S. 2126, ber. S. 2418).
- Verordnung über Betriebsbeauftragte für Abfall *(AbfBetrbeauftrV)* vom 26. Oktober 1977 (BGBl. I S. 1913).

- Verordnung über die Vermeidung von Verpackungsabfällen *(Verpackungs-Verordnung – VerpackV)* vom 12. Juli 1991 (BGBl. I S. 1234).
- Zweite allgemeine Verwaltungsvorschrift zum Abfallgesetz *(TA Abfall)* – Teil 1: Technische Anleitung zur Lagerung, chemisch/physikalischen und biologischen Behandlung, Verbrennung und Ablagerung von besonders überwachungsbedürftigen Abfällen vom 12. März 1991 (GMBl. S. 139).
- Dritte allgemeine Verwaltungsvorschrift zum Abfallgesetz *(TA Siedlungsabfall)* Technische Anleitung zur Verwertung, Behandlung und sonstige Entsorgung von Siedlungsabfällen vom 14. Mai 1993 (Bundesanzeiger Jahrgang 45, Nr. 99 a).
- LAGA-Merkblatt über die Vermeidung und Entsorgung von Abfällen aus öffentlichen und privaten Einrichtungen des Gesundheitswesens vom Mai 1991 (Bundesgesundhbl. Sonderheft 1992).

Neben dem Abfallgesetz finden weitere Rechtsvorschriften sowie sicherheitstechnische und hygienische Regelungen und Empfehlungen Anwendung:

- Gesetz über die Verhütung und Bekämpfung übertragbarer Krankheiten beim Menschen *(Bundesseuchengesetz – BSeuchG)* vom 18. Dezember 1979 (BGBl. S. 2262).
- Gesetz über die Beseitigung von Tierkörpern, Tierkörperteilen und tierischen Erzeugnissen *(Tierkörperbeseitigungsgesetz – TierKBG)* vom 2. September 1975 (BGBl. I S. 2313, ber. 2610).
- Gesetz über die Beförderung gefährlicher Güter *(Gefahrgutgesetz – GefahrgutG)* vom 6. August 1975 (BGBl. I S. 2121), geändert durch Art. 36 Gesetz vom 28. Juni 1990 (BGBl. I S. 1221, 1243).
- Verordnung über die innerstaatliche und grenzüberschreitende Beförderung gefährlicher Güter auf der Straße *(Gefahrengutverordnung Straße – GGVS)* vom 22. Juli 1985 in der Neufassung vom 13. November 1990 (BGBl. I S. 2453).
- Verordnung über gefährliche Stoffe *(Gefahrstoff-Verordnung – GefStoffV)* vom 26. August 1986 (BGBl. I S. 1470) zuletzt geändert durch die Dritte Verordnung zur Änderung der Gefahrstoffverordnung vom 5. Juni 1991 (BGBl. I S. 1218).
- »Anforderungen der Hygiene an die Abfallentsorgung« – Anlage zu Ziffer 6.8 der »Richtlinie für die Erkennung, Verhütung und Bekämpfung von Krankenhausdesinfektionen« des Bundesgesundheitsamtes (BGBl. 26 von 1983 Nr. 1, S. 24 u. 25).

Abwasserrechtliche Rahmenbedingungen

- Gesetz zur Ordnung des Wasserhaushalts *(Wasserhaushaltsgesetz – WHG)* vom 23. September 1986, zuletzt geändert durch Gesetz vom 12. Februar 1990 (BGBl. I S. 205).

- Gesetz über Abgaben für das Einleiten von Abwasser in Gewässer *(Abwasserabgabengesetz – AbwAG)* vom 5. März 1987 (BGBl. I S. 880).
- Gesetz über die Umweltverträglichkeit von Wasch- und Reinigungsmitteln *(Wasch- und Reinigungsmittelgesetz – WRMG)* vom 5. März 1987 (BGBl. I S. 875).
- Gesetz zum Schutz vor gefährlichen Stoffen *(Chemikaliengesetz – ChemG)* vom 14. März 1990 (BGBl. I S. 521).
- Verordnung über die Herkunftsbereiche von Abwasser *(Abwasserherkunfts-Verordnung – AbwHerkV)* vom 3. Juli 1987 (BGBl. I S. 1578).

Energierechtliche Rahmenbedingungen

- Gesetz zur Einsparung von Energie in Gebäuden *(Energieeinsparungsgesetz – EnEG)* vom 22. Juli 1976 (BGBl. I S. 1873), geändert durch Gesetz vom 20. Juni 1980 (BGBl. I S. 701).
- Gesetz zum Schutz vor schädlichen Umwelteinwirkungen durch Luftverunreinigungen, Geräusche, Erschütterungen und ähnliche Vorgänge (Bundes-Immissionsschutzgesetz – BImSchG) vom 14. Mai 1990 (BGBl. I S. 880).
- Verordnung über einen energiesparenden Wärmeschutz bei Gebäuden *(Wärmeschutzverordnung – WärmeschutzV)* vom 24. Februar 1982 (BGBl. I S. 209).
- Verordnung über energiesparende Anforderungen an heizungstechnischen Anlagen und Brauchwasseranlagen (Heizungsanlagen-Verordnung – HeizAnlV) vom 20. Januar 1989 (BGBl. I S. 120).

Die Energieumwandlungsanlagen in Krankenhäusern gehören in der Regel zu den nichtgenehmigungspflichtigen Anlagen; auf sie findet die
- Erste Verordnung zur Durchführung des Bundes-Immissionsschutzgesetzes (Verordnung über Kleinfeuerungsanlagen – 1. BImSchV) vom 15. Juli 1988 (BGBl. I S. 1059) Anwendung.

Feststoffbefeuerte Feuerungsanlagen ab 1 MW Feuerungswärme, ölbefeuerte Feuerungsanlagen über 5 MW, sowie gasbefeuerte Heizwerke über 10 MW Nennleistung sind genehmigungspflichtig und unterliegen der
- Ersten Allgemeinen Verwaltungsvorschrift zum Bundes-Immissionsschutzgesetz (Technische Anleitung zur Reinhaltung der Luft – TALuft) vom 27. Februar 1986 (GMBl. S. 95, ber. S. 202).

Umweltschutzkommission

F. Daschner

Jede Klinik sollte eine Umweltschutzkommission einrichten.
Die wichtigsten Mitglieder sind:

- Verwaltungsdirektion
- Pflegedienstleitung
- Apotheke
- Technische Betriebsleitung
- Beschaffungsabteilung
- Hygienefachkraft
- Krankenhaushygieniker
- Personalrat
- Vertreter/in der Ärzteschaft
- Krankenhausbetriebsingenieur/Krankenhausökologe

Die Mitarbeit der Verwaltungsdirektion ist deswegen unerläßlich, weil so auf kürzestem Weg sehr schnell Entscheidungen getroffen werden können. Umweltschutz kostet meist Geld; wenn Investitionen für die Zukunft notwendig sind, dann sogar sehr viel Geld (z. B. energiesparende Heizungen, neue Abfallentsorgungssysteme etc.). Nur noch in wenigen Fällen (z. B. Wäscheeinsparung, Verzicht auf unnötige Desinfektionen) ist Umweltschutz noch zum Nulltarif möglich. Unsere Generation muß viel re-investieren, um die Umweltschäden der Vergangenheit zu reparieren bzw. für die Zukunft der nächsten Generation zu investieren.

Im Universitätsklinikum Freiburg besteht seit 1988 eine Umweltkommission. Sie trifft sich alle 3–4 Monate für maximal eine Stunde, die Termine werden jeweils mit dem Verwaltungsdirektor abgestimmt. Er entscheidet noch in der Sitzung, was finanziell umsetzbar ist und was nicht.

1993 wurden 4 Arbeitsgruppen gegründet, die sich auch zwischenzeitlich mehrmals treffen und die Ergebnisse in der nächsten Sitzung der Umweltkommission berichten:

- Arbeitsgruppe Wäschereduktion
- Arbeitsgruppe Pflege
- Arbeitsgruppe Energieeinsparung
- Arbeitsgruppe Reinigungsmittel

Die bisher in der Umweltschutzkommission behandelten Themen sind in den Tabellen 1 und 2 zusammengestellt.

Tabelle 1. Die wichtigsten Themen in den einzelnen Umweltschutzarbeitsgruppen

Arbeitsgruppe Wäschereduktion
- Standardisierung der Wäscheausstattung für alle Klinikbereiche
- Ersatz der routinemäßigen durch bedarfsgerechten Bettwäschewechsel
- Reduzierung des Bettlakenverbrauches und Einsparung von Handtüchern (nur 2 anstatt 4 pro »Heiße Rolle«) in der physikalischen Therapie
- Erarbeitung von Standardabdeckungen für operative Eingriffe
- Bettwäschewechsel für frischoperierte Patienten nur noch bei Bedarf, nicht routinemäßig
- Reduktion der Abdeckungen von Instrumentiertischen (einfach statt vierfach)
- Reduktion des Verbrauchs von Molton
- Reduktion der Schutzkleidung für Sitzwachen, Krankenpflegeschülerinnen und Sekretärinnen
- Erarbeitung eines Standardbetts (in einigen Klinikbereichen bis zu 50 Prozent weniger Bettwäscheverbrauch)
- Reduktion der »Kittelorgien« bei Betreten bestimmter Krankenhausbereiche (z. B. Intensivstationen)

Arbeitsgruppe Pflege
- Ersatz von Einwegartikeln durch Mehrwegartikel
- Möglichkeiten der Wäschereduktion

Arbeitsgruppe Reinigungsmittel
- Standardisierung der Reinigungsmittelpalette
- Einsatz von Hochkonzentraten mit Dosiereinrichtungen
- Verzicht auf Fußbodenbeschichtungen
- Einsatz von Grundreinigern nur bei hartnäckiger Verschmutzung
- Entwicklung eines Standards für Fußbodenreinigung
- Überprüfung der Reinigungsintervalle
- Beschaffung von reinigungsfreundlichen Fußböden (z. B. keine Rauhfußböden) und anderen Materialien (z. B. keine reinigungsintensiven Messinggeländer)

Tabelle 2. In der Umweltkommission der Universitätsklinik Freiburg bisher bearbeitete Themen

- Abfallrecyclingsystem (Papier, Glas, Kunststoff, Metall)
- Änderung des Bestellsystems
- Reduzierung hygienisch unnötiger Einmalprodukte
- Entwicklung eines Fragebogens zur Beschaffung von Medicalprodukten
- Ersatz von umweltschädlichen Wäschedesinfektionsmitteln
- Reduktion der Waschtemperatur
- Reduktion der Bettendesinfektion
- Reduktion des Wasserverbrauchs
- Verzicht auf WC-Reiniger
- Einführung eines abfallarmen Reinigungssystems
- Verzicht auf Einwegnierenschalen
- Verzicht auf Einwegpinzetten und -scheren
- Verwendung von Recyclingpapier in Kopierern
- Optimierung des Reinigungsmittel- und Wasserverbrauchs von Großreinigungsmaschinen
- Ideenwettbewerb zum Umweltschutz im Krankenhaus
- Verwendung von Recyclingpapier im Klinikum
- Aluminiumverwertung
- Styroporverwertung
- Beschaffung von Röntgenfixierern und -entwicklern in Pulverform
- Einführung digitaler Thermometer
- Änderung des Antragsformulars für Formblätter und Drucksachen (Recyclingpapier)
- Bildung von Arbeitsgruppen
- Umsetzung einer ökologischen Schwachstellenanalyse für den Verwaltungsbereich

Krankenhausökologie

T. Hartlieb

Die Krankenhausökologie soll die Belange von Ökologie und Ökonomie im Krankenhaus miteinander verbinden. Sie hat das Ziel, die Behandlung der Patienten mit möglichst ökologisch sinnvollen Mitteln und Methoden unter Aufrechterhaltung des notwendigen medizinischen Standards zu gewährleisten. Die durch das Krankenhaus entstehenden Auswirkungen auf die Umwelt sollten dabei so gering wie möglich gehalten werden.

Um den vielfältigen Aufgaben im Umweltbereich gerecht zu werden, ist ein interdisziplinäres Wissen und Handeln nötig. Gerade im Bereich des Umweltschutzes sind viele Vorgänge äußerst komplex. Beispielsweise dürfen zur Beurteilung umweltfreundlicher Produkte und Verfahren nicht nur die Auswirkungen durch die Entsorgung beachtet werden, sondern müssen auch die Belastungen durch Rohstoffgewinnung, Herstellungsprozeß, Vertrieb, Gebrauch, Wiederaufbereitung und Recycling einbezogen werden. Dies kann mit Hilfe von Ökobilanzen und Produktlinienanalysen geschehen (näheres siehe Kapitel »Bewertung von Ökobilanzen«, S. 53).

Ein Krankenhausökologe sollte ein abgeschlossenes Studium der Ingenieur- oder Naturwissenschaften aufweisen. Erforderlich sind Fachkenntnisse in Abfallwirtschaft, Abwasserbehandlung, Energieeinsparung, Immissionsschutz, Lärmschutz, Ökologie, Krankenhaushygiene und Umweltrecht.

Mit diesen Qualifikationen kann der Krankenhausökologe die Verantwortlichkeiten und Tätigkeiten der Betriebsbeauftragten für Abfall, Gefahrgut, Gewässerschutz, Immissionsschutz, Sicherheit und Störfälle wahrnehmen.

Die wichtigsten *Aufgaben des Krankenhausökologen* sind in den Tabellen 1 und 2 zusammengefaßt.

Tabelle 1. Konzeptionelle Aufgaben des Krankenhausökologen

- Konzeptionelle Planung der Abfallentsorgung
- Einleiten von Maßnahmen zur Verbesserung der Abfallvermeidung und Abfallverwertung (z. B. Einsatz langlebiger, reparaturfreundlicher Produkte)
- Erarbeitung eines Konzepts für umweltschonendes Waschen und Reinigen (z. B. Einsatz eines Feuchtwischsystems und umweltfreundlicher Wasch- und Reinigungsmittel)
- Mitwirkung bei der Erstellung eines Desinfektionsplans unter ökologischen Gesichtspunkten (z. B. Verwendung umweltfreundlicher Desinfektionsmittel, keine routinemäßige Fußbodendesinfektion)
- Erstellung eines Abfall-, Abwasser- und Gefahrstoffkatasters
- Mitwirken bei der Erstellung von Energie- und Stoffbilanzen sowie der Umsetzung technischer Energieeinsparmöglichkeiten
- Einleiten von Maßnahmen zur Reinhaltung der Luft (z. B. Einsatz FCKW-freier Produkte, Einbau von Abluftfiltern)
- Ergreifen von Maßnahmen zur Vermeidung von Lärm (z. B. Einsatz rauscharmer Geräte)
- Mitwirken bei der Umsetzung von Maßnahmen zum Schutz der Natur und der Landschaftspflege (z. B. Anpflanzung einheimischer Arten, Dachbegrünung)
- Beratung bei Neu- und Umbauten sowie bei Instandhaltungsarbeiten hinsichtlich Umweltverträglichkeit und Energieeinsparung
- Entwicklung von Bewertungshilfen für den ökologischen Einkauf
- Bewertung und ggf. Erstellung von Materialflußbilanzen, Ökobilanzen und Produktlinienanalysen
- Stellungnahme zu Investitions- und Beschaffungsvorhaben sowie zu umweltrelevanten Maßnahmen und Entscheidungen

Tabelle 2. Routineaufgaben des Krankenhausökologen

- Verantwortliche Überwachung der gesamten Abfallentsorgung (von Erfassung und Einsammlung über Transport, Lagerung und interner Sortierung bis zur Bereitstellung der Abfälle für den Abtransport)
- Regelmäßige Kontrolle der Abwassereinleitungen auf Einhaltung der in den jeweiligen wasserrechtlichen Genehmigungen angegebenen Parameter (z. B. pH-Wert, Cyanidgehalt)
- Überwachung der ordnungsgemäßen Entsorgung und Beförderung fester und flüssiger Gefahrstoffe
- Durchführung von Schwachstellenanalysen (z. B. Energieverbrauchsanalysen)
- Umsetzung und Überwachung gesetzlicher Vorgaben
- Durchführung und Organisation von Schulungen, Fortbildungs- und Informationsveranstaltungen sowie kontinuierliche Beratung der Mitarbeiter bezüglich umweltrelevanter Themen
- Koordination einer Umweltkommission und bereichsspezifischer Arbeitsgruppen

Motivation, Schulungen, Infos über Umweltschutz im Krankenhaus

M. Scherrer

Die besten Umweltschutzmaßnahmen im Krankenhaus müssen scheitern, wenn sie nicht entsprechend bekanntgemacht werden bzw. die Motivation zum Mitmachen fehlt. Die Grundlagen zum Verständnis für den Umweltschutz müssen in der Ausbildung gelegt werden.

Leider fehlt sowohl im *Medizinstudium* als auch in der *Krankenpflegeausbildung* der Schwerpunkt Umweltschutz fast vollständig.

Da die Ausbildung ungenügend auf Fragen der Ökologie eingeht und die Krankenhäuser in Sachen Umsetzung von Umweltschutzmaßnahmen auf einem unterschiedlichen Stand sind, ist es erforderlich den Mitarbeitern den Umweltschutzgedanken beim Eintritt ins Krankenhaus näher zu bringen.

Diesem Zweck können *Einführungstage* dienen, mit denen alle neuen Beschäftigten mit den Gepflogenheiten des Krankenhauses bekanntgemacht werden. Dazu gehören vor allem auch Umweltschutzmaßnahmen, wie z.B. Abfalltrennung, Verwendung von Mehrwegartikeln, Reduzierung der Desinfektionsmaßnahmen, Reduzierung des Wäscheaufkommens, Energieeinsparungsmaßnahmen usw. Auch kann dabei klar gemacht werden, warum bestimmte Maßnahmen nicht bzw. noch nicht durchgeführt werden.

Mit diesen Einführungstagen sind die Grundlagen für das Verständnis der Abläufe in einem Krankenhaus und für die Belange des Umweltschutzes gelegt.

Umweltschutz lebt in großem Maße vom Mitmachen. Wer selbst eine Umweltschutzmaßnahme, wie z.B. den Ersatz von Einwegnierenschalen durch Mehrwegartikel, mitgeplant und durchgesetzt hat, wird auch dafür sorgen, daß sie Verbreitung findet und damit Erfolg hat. Im Gegensatz dazu werden von »oben« angeordnete Maßnahmen meist nur sehr zögerlich angenommen und durchgesetzt.

Auch bei der Planung von Umweltschutzmaßnahmen macht die Beteiligung von »Praktikern« Sinn, nur sie kennen den Arbeitsablauf in ihrem Bereich und können folglich beurteilen, ob eine Maßnahme so machbar ist oder nicht.

Am Universitätsklinikum Freiburg haben sich *Umweltarbeitsgruppen* bewährt, die jedem zugänglich sind und die Vorschläge für Maßnahmen erarbeiten, die dann von der *Umweltkommission* beschlossen werden (siehe Seite 5). Besonders wichtig ist es, möglichst viele Mitarbeiter auf möglichst vielen Arbeits- und Entscheidungsebenen in der Klinik zur Mitarbeit zu motivieren, aber so, daß sie dann auch tatsächlich bei der Sache bleiben. Man muß leider immer wieder v.a. bei älteren Klinikmitarbeitern und insbesondere Ärzten die Erfahrung machen, daß die primäre Begeisterung für eine Umweltschutzidee groß ist, wenn es dann aber notwendig ist, auch aktiv etwas zu tun oder gar kleine Unbequemlichkeiten, z.B. einen längeren Weg zum Aluminiumsammler in Kauf zu nehmen, das Interesse schnell erlahmt.

Möglichkeiten der Schulung und Motivation zum Umweltschutz:

- Videos
- Kassetten
- Merkblätter
- Umweltarbeitsgruppen
- Preisausschreiben
- Der Umwelttip des Monats
- Geldgeschenke oder Preise aus Einsparungen durch Umweltschutzmaßnahmen
- Auszeichnung der aktivsten Mitarbeiter, der aktivsten Station, des aktivsten Chefs

Ein weiterer wichtiger Punkt bei der Durchführung von Umweltschutzmaßnahmen im Krankenhaus ist die Bekanntmachung von Neuerungen für Mitarbeiter, die nicht an der Planung beteiligt sind.

Verschiedene Unternehmungen können dabei helfen:

1. Bei der Einführung einer neuen Umweltschutzmaßnahme werden *Merkblätter* erstellt, welche diese erklären und den Sinn sowie die damit verbundenen Vor- und Nachteile für den Umweltschutz deutlich machen.
2. Es können *Fortbildungsveranstaltungen* angeboten werden, an denen diejenigen, die die Maßnahme geplant haben, ihre Arbeit vorstellen und für Fragen zur Verfügung stehen.
3. Falls eine *Hauszeitung* vorhanden ist, ist es ebenfalls sinnvoll, dort eine Veröffentlichung zu plazieren.
4. Durch *»Umweltschutzsprüche«* kann man sicher die Aufmerksamkeit auf solche Artikel erhöhen.
   - Einweg ist kein Weg
   - Einweg ist Irrweg
   - Einweg ist Müllweg
   - Mehrweg ist der Weg
   - Recycling ist gut, Mehrweg ist besser
   - Mehrweg ist unser Weg
   - Umweltschutz ist Medizin
   - Nicht einpacken – sondern anpacken
   - Einfälle statt Abfälle
   - Umweltschutz statt Umweltschmutz
   - vermeiden, vermindern, verwerten, *nicht* verbrennen, vergraben, vergessen.

5. Schließlich sollte das *persönliche Gespräch* mit den Betroffenen nicht vergessen werden. Am nachdrücklichsten bleibt der Eindruck, wenn neue Maßnahmen im kleinen Kreis (z. B. Stationsübergabe) erläutert werden.

Für die Durchführung und Koordinierung von Umweltschutzmaßnahmen ist zumindest in größeren Kliniken ein hauptamtlicher (!) Mitarbeiter notwendig. So nebenher kann Umweltschutz nicht mehr gemacht werden. Am besten geeignet für diese Funktion ist der *Krankenhausökologe* (siehe Seite 9), der nicht nur das nötige Spezialwissen in Ökologie hat, sondern auch mit den Betriebsabläufen eines Krankenhauses und den Grundlagen des Umweltschutzes bei hygienisch einwandfreier Pflege und Behandlung von Patienten vertraut ist.

Einteilung von Abfällen aus Einrichtungen des Gesundheitsdienstes

M. Dettenkofer

1992 wurde in einem Sonderheft des Bundesgesundheitsblattes das »Merkblatt über die Vermeidung und die Entsorgung von Abfällen aus öffentlichen und privaten Einrichtungen des Gesundheitsdienstes« veröffentlicht (Heft S/92, S. 30–38), das von der Länder-Arbeitsgemeinschaft Abfall (LAGA) erarbeitet wurde.

Dieses sog. LAGA-Merkblatt ist Grundlage der folgenden Übersicht zu Abfalldefinitionen und zur sachgerechten Entsorgung von Abfällen aus Klinik und Praxis (Tabelle 1).

Abfälle aus dem medizinischen Bereich werden in *fünf Kategorien* eingeteilt. Hierdurch sollen einerseits eine Wiederverwertung bzw. ordnungsgemäße Entsorgung sichergestellt werden, andererseits Gesundheitsgefährdungen bei der Sammlung und gegebenenfalls beim Trennen von Abfällen ausgeschlossen werden.

Gruppe A:
Abfälle, an deren Entsorgung aus infektionspräventiver und umwelthygienischer Sicht keine besonderen Anforderungen zu stellen sind:
- Hausmüll und hausmüllähnliche Abfälle, z. B. Zeitschriften, Papier-, Kunststoff- und Glasabfälle.
- Desinfizierte Abfälle der Gruppe C (s. u.).
- Verpackungsmaterial und Kartonagen.
- Küchen- und Kantinenabfälle.

Gruppe B:
Abfälle, an deren Entsorgung aus infektionspräventiver Sicht innerhalb von Kliniken bzw. Arztpraxen besondere Anforderungen zu stellen sind:
- Mit Blut, Sekreten und Exkreten behaftete oder gefüllte Abfälle wie Wund- und ggf. Gipsverbände, Stuhlwindeln, Einwegwäsche und -artikel einschließlich Spritzen, Kanülen oder Skalpelle.

Gruppe C:
Abfälle, an deren Entsorgung aus infektionspräventiver Sicht innerhalb und außerhalb von Einrichtungen des Gesundheitsdienstes besondere Anforderungen zu stellen sind (sog. *infektiöse Abfälle*):
- Abfälle, die mit Erregern meldepflichtiger Krankheiten behaftet sind *und* durch die eine Verbreitung der Krankheiten zu befürchten ist (Merke:

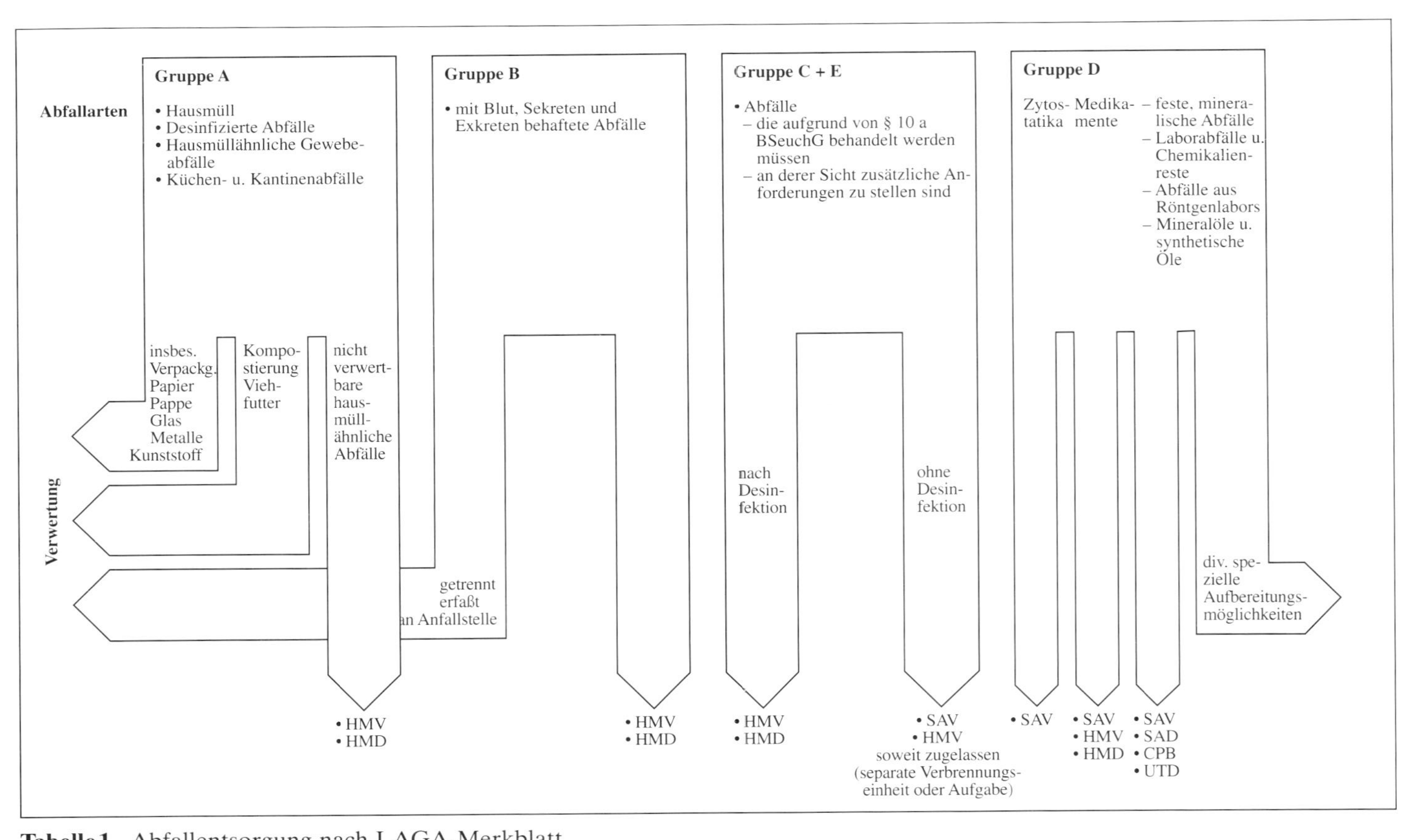

Tabelle 1. Abfallentsorgung nach LAGA-Merkblatt
HMV: Hausmüllverbrennung; **HMD:** Hausmülldeponie; **SAV:** Sonderabfalldeponie; **UTD:** Untertagedeponie; **CPB:** Chemisch/

Auf das Wort *»und«* kommt es in diesem Zusammenhang an, denn nicht jeder mit Erregern meldepflichtiger Erkrankungen kontaminierte Abfall führt auch gleichzeitig zu einer Verbreitung einer infektiösen Erkrankung. Wenn beispielsweise eine Zeitung nicht mit Typhuserregern, also z.B. Stuhl, kontaminiert ist, ist diese Zeitung kein infektiöser Abfall!
- Mikrobiologische Kulturen.

Gruppe D:
Abfälle, an deren Entsorgung aus umwelthygienischer Sicht besondere Anforderungen zu stellen sind:
- Mineralische Abfälle (Glas, Keramik, aber auch Filtermassen wie Aktivkohle) mit umweltschädlichen Verunreinigungen.
- Abfälle aus der Zubereitung pharmazeutischer Erzeugnisse (einschl. Zytostatika).
- Desinfektionsmittel.
- Bestimmte Labor- und Chemikalienabfälle (z.B. anorganische Säuren, Laugen, halogenierte organische Lösemittel, Benzol, Toluol, Xylol).
- Abfälle aus Röntgenlabors wie Fixier- und Entwicklerbäder.
- Nicht-Eisen (NE)-metallhaltige Abfälle (NiCd-Akkus, Quecksilberhaltige Batterien und Leuchtstoffröhren).
- Altmedikamente.

Gruppe E:
Abfälle, an deren Entsorgung nur aus ethischer Sicht zusätzliche Anforderungen zu stellen sind:
- Körperteile und Organabfälle einschließlich gefüllter Blutkonserven.

Die Abfälle der Kategorie A und B können zusammen mit dem Hausmüll entsorgt werden, wobei größere Flüssigkeitsmengen zuvor unter hygienischen Aspekten ins Abwasser einzuleiten sind. Spitze oder scharfe Gegenstände (Gruppe B) müssen in durchstichfesten, verschließbaren Behältern gesammelt werden.

Die jeweils geltenden landesrechtlichen und kommunalen Vorschriften sind zu beachten. Die Abfall- bzw. Umweltberater der Kommunen geben bei Unklarheiten zur ordnungsgemäßen Entsorgung Auskunft.

Infektiöse Abfälle (Abfälle der Gruppe C, s.o.), die aufgrund von § 10a Bundes-Seuchengesetz behandelt werden müssen, sind nach der Definition des BGA solche, die mit Erregern meldepflichtiger Krankheiten behaftet sind und durch die eine Verbreitung der Krankheit zu befürchten ist.

Die Verknüpfung mit *und* ist bedeutend: bei einigen meldepflichtigen Krankheiten kommen deren Erreger zwar im Abfall vor, es besteht dadurch jedoch keine Infektionsgefahr.

Nur solcher Abfall eines infektiösen Patienten ist als infektiöser Abfall zu entsorgen, der mit den entsprechenden Erregern verunreinigt ist, z.B. Stuhlproben von Patienten mit Typhus abdominalis oder Tücher mit Sputum eines an offener Lungentuberkulose Erkrankten. Infusionsflaschen, Zeitungen oder Verpackungsmaterielien fallen nicht hierunter.

In die Gruppe der infektiösen Abfälle gehören auch mikrobiologische Kulturen.

Abfälle aus Klinik und Praxis enthalten meist 1000–10000mal weniger Keime als normaler Hausmüll, da ihr Gehalt an Bestandteilen (z.B. Küchenabfällen) gering ist, die ein Keimwachstum unterstützen. Bei vielen Infektionskrankheiten findet zudem die größte Keimabsonderung in der dem Arztbesuch vorausgehenden Zeit oder während der ambulanten Therapie und nicht in der Praxis statt. Die meisten salmonellenhaltigen Stuhlwindeln landen im Hausmüll, das gleiche gilt für die Mehrzahl der Nadeln und Spritzen von Rauschgiftsüchtigen. Durch Menstruationstampons, Hygienebinden und Bagatellverletzungen gelangt außerdem mehr Blut in den Hausmüll als in den Klinikmüll. Nicht der Müll aus Klinik und Praxis ist somit besonders infektionsgefährdend, sondern in Wirklichkeit der Hausmüll. Kommunen, Abfallentsorger, aber auch Politiker müssen endlich realisieren, daß von Klinik- und Praxismüll eine außerordentlich geringe Infektionsgefahr ausgeht.

Vor allem in Arztpraxen fallen gewöhnlich nur *wenige kg infektiöse Abfälle pro Jahr an.* Als praktikable und kostengünstige Möglichkeit der Entsorgung kommt insbesondere die Autoklavierung in Betracht, die möglichst nach den Sprechstundenzeiten erfolgen sollte, um Geruchsbelästigungen zu vermeiden. Die so behandelten Abfälle können in den Hausmüll gegeben werden. Ausgaben für die Entsorgung durch kommerzielle Unternehmen lassen sich dadurch einsparen (siehe Seite 77).

Laborabfälle und Chemikalienreste

siehe Seite 83

Altmedikamente

Der Anfall an abgelaufenen Medikamenten kann durch regelmäßige Bestandskontrolle und angepaßte Beschaffung reduziert werden.

- Altmedikamente sind zur Verhinderung eines Mißbrauchs getrennt zu sammeln.
- Zytostatika sind getrennt zu sammeln und als Sonderabfall zu behandeln. Aber nicht alle Zytostatikareste müssen als Sonderabfall entsorgt werden, sondern nur größere Reste, also z.B. mehrere Milliliter Zytostatikalösung in einer Infusionsflasche, nicht dagegen die leeren Spritzen, Nadeln, Tupfer, Unterlagen, Verbände usw. Im Universitätsklinikum Freiburg ist die Zytostatikaentsorgung mit einem Merkblatt geregelt (s. Abb. 1), die Versorgung der Stationen erfolgt zentral über die Apotheke. Dadurch wurden erhebliche Kosteneinsparungen erzielt.

Merkblatt zur Entsorgung von Zytostatika

Mit Restmengen von Zytostatika gefüllte Infusions- und Injektionsflaschen müssen

über den Transportdienst zurück zur

Zentralen Zytostatikazubereitung gebracht werden

Kanülen, leere Infusionsflaschen, Infusionssysteme, Einweghandschuhe, Tupfer und sonstige Abfälle der Zubereitung und Anwendung von Zytostatika

müssen in den grauen **Hausmüllsack** bzw. Kanülenentsorgungsbehälter

Abb. 1. Merkblatt zur Entsorgung von Zytostatika aus dem Universitätsklinikum Freiburg

Abfälle aus Röntgenlabors

- Entwickler- und Fixierbäder müssen getrennt gesammelt werden, sie dürfen nicht ins Abwasser gelangen. Ein Entwicklungsprozeß mit integrierter Silberrückgewinnung ist in jedem Fall vorzuziehen (z. B. System der Fa. Kodak).
- Altfilme und Bleifolien sind zu verwerten (z. B. über Fa. Dr. R. Mycinsky, 51645 Gummersbach).

Nichteisen-metallhaltige Abfälle

- Toxische Schwermetalle müssen gesammelt und der Verwertung zugeführt werden.
- Trockenbatterien sollen bis auf Sonderfälle durch entsprechende Akkus ersetzt werden, die als cadmiumfreie Produkte (Nickel-Metallhydrid) derzeit eingeführt werden (z. B. GP Green-Charge oder Varta Ni/MH). Altbatterien und -akkus sowie Leuchtstoffröhren sind der Verwertung zuzuführen bzw. getrennt zu entsorgen.
- Digitalthermometer müssen Quecksilberthermometer in der Beschaffung ersetzen.

Getrenntsammlung von Abfällen im Krankenhaus (Wertstoffe und Restmüll)

T. Hartlieb und M. Scherrer

Allein in den bundesdeutschen Kliniken fallen jährlich über eine Million Tonnen Abfall an. Ein Großteil dieser Abfälle läßt sich vermeiden oder mit vertretbarem Aufwand sortenrein in hochwertige Wertstoffe für ein Recycling trennen.

Die Entsorgung des Restmülls und der Wertstoffe aus Krankenhäusern bedarf eines durchdachten und gesteuerten Sammelns, Lagerns, Behandelns und Beförderns innerhalb und außerhalb des Krankenhauses. Aufgrund der Zusammensetzung bestimmter Abfälle (verletzungsträchtiges Material, pathogene Keime, Chemikalien u. ä. m.) sind aus Sicht der Infektionsprävention und der gesundheitlichen Vorsorge Sicherheitsvorkehrungen insbesondere für das mit der Entsorgung betraute Personal einzuhalten. Durch getrenntes Erfassen und Zusammenstellen von aus abfallwirtschaftlicher und umwelthygienischer Sicht geeigneten Chargen ist zu gewährleisten, daß verwertbare Stoffe getrennt einer Aufbereitung zugeführt und Schadstoffe aus dem Restmüll ferngehalten werden können.

Es ist jedoch unsinnig, Wertstoffe unter Aufwand an Kosten und Zeit getrennt zu sammeln, um sie letztendlich doch wieder als Restmüll zu entsorgen, weil sich (noch) keine Abnehmer für sie finden.

Beim Aufbau des innerbetrieblichen Entsorgungssystems ist es zweckmäßig, die entsorgungspflichtige Körperschaft zu beteiligen, zumal sie durch Satzung regeln kann, unter welchen Voraussetzungen Restmüll und Wertstoffe zu erfassen und zu überlassen sind. Die Rückführung der Wertstoffe sollte mit Hilfe der regionalen Entsorger aufgebaut werden.

Zum **Restmüll** zählen:

Speisereste, benutzte Windeln und Unterlagen, Kanülen und Skalpelle in durchstichsicheren Behältern, Tupfer, Hygienepapier, Verbundstoffe, Kohle- und Blaupapier, Zigarettenasche etc. sowie generell nasse oder verschmutzte Abfälle.

Zu den **Wertstoffen** zählen:

Glas: Grün-, Braun- und Weißglas wie z. B. Gläser, Getränkeflaschen, Infusionsflaschen, Medikamentenflaschen

Papier/Pappe: Zeitungen, Zeitschriften, Bücher, Schreibpapiere, Prospekte, Notizzettel, Formulare, Packpapier, Schachteln, Kartonagen etc. Im Prinzip alle trockenen und sauberen Papiere ohne größere Etiketten und Folienanteile.

Die Metallbügel der Aktenordner, Heftklammern oder andere Metallteile stellen kein Problem dar, denn die Papierfabriken, die das Altpapier aufbereiten, verfügen über magnetische Metallabscheider

Metalle: Eisen- und Nichteisenmetalle wie z. B. Metallschrott, Getränkedosen, Konserven, Folien

Kunststoffe: Hart- und Weichkunststoffe wie z. B. Verpackungsfüllstoffe (Chips), Folien, Schalen, leere Behälter

Kompostierbare Materialien: Kaffee, Tee, Blumen, Gemüsereste aus der Küche, Gartenabfälle etc.

Textilien: Altkleider, Lumpen, Wäschesäcke etc.

Speisereste: falls diese verwertet werden können, z. B. durch Verfütterung in der landwirtschaftlichen Tierhaltung oder in Form von Kompostierung, Vergärung o. ä.

Verbundstoffe: Verbundverpackungen (Blister, »Tetra-Pak« und andere Getränkekartons für Milch oder andere Getränke), sofern eine Entsorgung über das Duale System erfolgt, wobei die Verwertung sehr in Frage gestellt ist.

Fotochemikalien: Röntgenentwickler- und Fixierchemikalien sollten in getrennten Sammeltanks bzw. Kunststoffkanistern gesammelt und gelagert werden. Entsprechend dem Silbergehalt des Fixierbades kann eine Rückvergütung bzw. Verrechnung mit den Entsorgungskosten erfolgen. Gewinne sind dabei heute nicht mehr zu erzielen.

Bevor jedoch eine Getrenntsammlung in einem Krankenhaus eingeführt wird, muß geklärt werden, für welche Wertstoffe eine Sammlung überhaupt in Frage kommt und eine Verwertung sinnvoll ist.

Verwertungen sind üblich für: Pappe, Papier, Glas, Metalle, Kunststoffe, Altkleider, kompostierbare Abfälle und Speiseabfälle. Die Verwertungsmöglichkeiten variieren jedoch je nach Region, Entsorgungsstruktur und örtlichem Entsorger. So muß unter Umständen Glas noch in die Fraktionen Weiß-, Grün- und Braunglas unterteilt werden. Ausreichende Recyclingkapazitäten für Kunststoffe sind (größtenteils) nicht vorhanden. Falls Abnahmemöglichkeiten bestehen, sind diese oft mit der Auflage verbunden, die Kunststoffe nach Sorten und ggf. auch noch nach bestimmten Verpackungsarten (Folien, Behälter) getrennt zu erfassen. Für Kunststoffgemische findet man in den meisten Fällen keinen Verwerter, zudem werden aus solchen Gemischen in der Regel nur Recyclingprodukte von minderwertiger Qualität hergestellt.

Um eine Verwertung vornehmen zu können ist es notwendig, die einzelnen Abfälle getrennt zu sammeln, also Restmüll nicht zusammen mit Wertstoffen erfassen. Vor allem für das Recycling der Wertstoffe ist eine hohe Trennschärfe erforderlich. Wertstoffe mit zu großem Fremdstoffanteil können nicht verwertet werden bzw. das nachträgliche Sortieren ist sehr aufwendig oder oft überhaupt nicht mehr durchführbar und zudem noch unökonomisch.

Ein großes Problem bei der Sortierung und Gewährleistung der Qualitätsanforderungen stellen Fremdmaterialien wie Klebeetiketten, Lieferscheintaschen u. ä. dar. Die Entfernung dieser Materialien ist äußerst zeitaufwendig und oftmals unmöglich.

Wertstoffsammlung in den einzelnen Krankenhausbereichen

Um in den einzelnen Krankenhausbereichen eine Wertstoffsammlung durchführen zu können, sind zuvor Stationen, Funktionsräume, Versorgungsbereiche, Patientenzimmer etc. mit Sammelbehältnissen auszustatten. In diesen Gefäßen können dann die Abfälle getrennt nach Materialien gesammelt werden.

Häufig gibt es auf Krankenhausstationen Schwierigkeiten bei der Getrenntsammlung von Wertstoffen. Diese sind in der Regel auf Personalmangel, zu hohe Kosten, Raumknappheit und organisatorische Schwierigkeiten zurückzuführen.

Unproblematischer ist dagegen das Sammeln von Wertstoffen in den Versorgungseinrichtungen wie Küche, Kasino, Wäscherei, Apotheke, Zentrallager, Werkstätten u. a., da dort viele Wertstoffe zentral anfallen und somit mit einem wesentlich geringeren Aufwand gesammelt werden können.

Besonders wichtig für eine gut funktionierende Getrenntsammlung ist eine hohe Motivation der Mitarbeiterschaft. Diese Motivation kann nur dann aufrecht erhalten werden, wenn die Verwertung der gesammelten Wertstoffe gesichert ist. Es müssen geschlossene Kreisläufe vorhanden sein, die nicht nur in der Theorie funktionieren.

Auswahl geeigneter Sammelbehälter

Eine Getrenntsammlung von Wertstoffen im Krankenhaus funktioniert nur mit einem praktikablen Sammelsystem (Abb. 1), an das folgende Anforderungen zu stellen sind:

- leicht zu handhaben
- leicht beweglich
- leicht zu reinigen
- stabil
- farblich gekennzeichnet
- platzsparend
- variierbar
- durchsichtig (oder leicht einsehbar)

Die leichte Handhabung ist eine der wichtigsten Voraussetzungen für eine funktionierende Sammlung von Wertstoffen. Nach einer gewissen Eingewöhnungszeit muß sich das Sammeln von Wertstoffen ohne wesentlichen Mehraufwand einfach in den Arbeitsablauf einfügen. Das Sammelsystem

Abb. 1. Beispiel eines Wertstoffsammlers

muß leicht zu reinigen sein. Dies ist ein wichtiger Aspekt, denn ein sauberes Sammelbehältnis wird öfter benutzt als ein Sammelbehältnis, das verschmutzt und unästhetisch aussieht. Die Reinigung kann manuell oder in einer Waschstraße erfolgen. Die Entsorgungsräume und Stationszimmer sind meistens räumlich sehr beengt. Die Unterbringung von 5–6 Sammelbehältnissen erfordert deshalb platzsparende Sammelbehältnisse. Für die vielen Bereiche eines Krankenhauses (OP-Räume, Intensivpflegestationen, Normalpflegestationen, Ambulanzen, Laboratorien) mit unterschiedlichen Platzverhältnissen und Abfallzusammensetzungen sind variierbare Sammelsysteme notwendig. Ein Sammelsystem soll auch ökologisch sein. Um nicht zusätzlichen Abfall zu erzeugen, sollten möglichst Mehrwegsammelsysteme für die Entsorgung eingesetzt werden. Falls dies nicht möglich ist, sollten stoffgleiche Sammelbehältnisse verwendet werden, z. B. Papiersäcke für die Papierfraktion, PE-Säcke für die PE-Fraktion.

Durchsichtige oder leicht einsehbare Sammelbehältnisse haben den Vorteil, daß die gesammelten Wertstoffe leicht kontrolliert werden können und Fehler bei der Getrenntsammlung einfach erkannt werden können.

Vorteilhaft sind ausbaufähige Wertstoffsammler. Damit besteht die Möglichkeit, zunächst mit der Sammlung der zur Zeit verwertbaren Stoffe zu beginnen und deren Anzahl zu erhöhen, sobald die (regionalen) Voraussetzungen dafür geschaffen sind. Schließlich muß das Sammelsystem auch wartungsfreundlich und selbst verwertbar sein.

Innerbetrieblicher Abfalltransport

In großen Kliniken erfolgt die Entsorgung der gefüllten Wertstoff- und Restmüllbehälter oftmals über eine automatische Warentransportanlage zur zentralen Abfallentsorgung. Dort werden die Abfallbehälter in die bereitstehenden Container entleert. Restmüll und Papier in die jeweiligen Preßcontainer, Glas, Schrott, Gartenabfälle und Alttextilien in offene Container.

In Krankenhäusern, die nicht über eine automatische Warentransportanlage verfügen, übernimmt üblicherweise der Hol- und Bringedienst oder ein spezieller Entsorgungsdienst diese Aufgabe.

Zum Austausch der vollen gegen leere, gereinigte Behälter sollte ein Transportwagen angeboten werden. Dieser muß so beschaffen sein, daß er in vorhandene Aufzüge und durch alle auf dem Transportweg liegende Türen paßt. Er muß gut manövrierbar sein und sollte an allen vier Ecken einen Kantenschutz besitzen, um Beschädigungen an Wänden oder Türen zu vermeiden.

Die einzelnen Wertstoffe

Papier: Auf jeder Station sollte eine Sammelbox stehen, über die insbesondere Zeitungen und Zeitschriften von Patienten gesammelt werden. Zusätzlich sollten in den Stationszimmern und Büroräumen Schreibpapiere, Administrationspapiere und Verpackungsmaterialien aus Papier (Medikamentenverpackungen, Beipackzettel) erfaßt werden. Größere Kartons sind separat zu sammeln und zu entsorgen, da sie aufgrund ihres großen Volumens für die Sammlung in einem Wertstoffsammler ungeeignet sind. Es ist nicht empfehlenswert, im Patientenbereich Mischpapier zu sammeln, da der Fremdstoffanteil dort zu groß ist.

In den Versorgungseinrichtungen, insbesondere im Zentrallager, in der Küche und in der Apotheke fallen vor allem Kartonagen aus Wellpappe an. Es ist empfehlenswert, diese in einer Kartonagenpresse zu komprimieren.

In der Verwaltung liegt der Schwerpunkt beim Sammeln von Schreibpapier sowie bei der getrennten Erfassung von Administrationspapieren. Letztere müssen vor der Verwertung aus Datenschutzgründen zur Datenvernichtung (Reißwolf) gegeben werden.

Glas: Glasabfälle gibt es in jedem Krankenhausbereich. Deshalb sollten überall dort, wo dies möglich ist, z.B. in Stationszimmern, Funktionsräumen und ggf. in einzelnen Krankenzimmern, Sammelsysteme vorhanden sein, mit denen Altglas je nach (kommunaler) Auflage in Fraktionen Weiß-, Grün- und Braunglas oder Buntglas getrennt werden kann.

Metallschrott: In den meisten Fällen erfolgt die Sammlung von Metallabfällen (z.B. Rohre, Elektrokabel, ausrangierte Patientenbetten etc.) bei Instandhaltungsarbeiten durch den Technischen Betrieb.

Aluminium: Hierzu sollten Sammelbehälter mit entsprechender Beschriftung und Magnete zur Unterscheidung von Aluminium und Weißblech zur Verfügung stehen.

Weißblech: Hauptanfallort ist der Küchenbereich. Bei getrennter Erfassung und Verwertung empfiehlt sich der Einsatz einer Dosenpresse.

Speisereste: Diese sind als Futterersatzmittel verwertbar, wenn sie in geeigneter Form vor der Verfütterung thermisch desinfiziert werden. Andere Verwertungen sind möglich, wenn sie den behördlichen Auflagen entsprechen. In Frage kommen beispielsweise die Kompostierung oder die Nutzung der Speisereste zur Biogasgewinnung.

Kompostierbare Abfälle: Rasen-, Busch- oder Baumschnitt, Laubabfälle, Blumensträuße und kompostierbare Küchenabfälle wie Obst, Gemüse, Kaffeesatz, Teesud u. ä. sollten nach Möglichkeit auf einer krankenhauseigenen oder einer kommunalen Kompostieranlage kompostiert werden.

Alttextilien: Altkleider und Lumpen sollten gesammelt werden und einer Wiederverwendung oder einer Rückführung in den Rohstoffkreislauf durch Verwertung der Fasern in der Textilindustrie zugeführt werden.

Kunststoff: Im Krankenhaus werden eine Vielzahl verschiedener Kunststoffe, teilweise als Gemisch oder als Verbundmaterial mit Papier oder Aluminium, verwendet. Eine sortenreine Kunststoffsammlung ist allein aufgrund der vielen Arten kaum möglich. Hinzu kommt, daß Kunststoffteile oftmals nicht ausreichend gekennzeichnet sind. Darüber hinaus ist der Markt für ein Recycling von gemischten Kunststoffabfällen begrenzt. Diese Recyclingprodukte sind meist kurzlebig und von geringerer Qualität (Parkbänke, Lärmschutzwände, Blumentöpfe u. ä.).

Es besteht jedoch durchaus die Möglichkeit, auch im Krankenhaus Kunststoffe sortenrein zu erfassen. Da die Verwertungskapazitäten für Kunststoffe sehr begrenzt sind, sind nur solche zu sammeln, für die auch vom Verwerter eine längerfristige Abnahmegarantie gegeben wird. Zur Zeit bestehen Abnahmemöglichkeiten in der Regel nur für Polyethylen (Kanister, Infusionsflaschen, Folien) und »Styropor®«, in selteneren Fällen für Polystyrol (Joghurt- und Getränkebecher).

Im Universitätsklinikum Freiburg können zur Zeit folgende Kunststoffe sortenrein erfaßt und recycelt werden:

- Styropor-Formteile
- Styropor-Chips
- Dialyse-Kanister
- leere Kanister ohne Gefahrstoffzeichen
- Infusionsflaschen

Styroporchips und -formteile lassen sich an allen zentralen Anfallstellen wie z.B. Zentrallabor, Zentrallager, Apotheke und Abfallentsorgung getrennt sammeln. Es empfiehlt sich, die Dialyse- und Reinigungsmittelkanister einer zentralen Aufbewahrungsstelle zuzuleiten (am besten der zentralen Abfallentsorgung oder ins Zentrallager zurückgeben) und in entsprechenden Transportkartons für die Abholung durch den Lieferanten oder Verwerter bereitstellen.

Kunststoffbehälter (z.B. für Desinfektionsmittel) lassen sich gut zur Kanülensammlung weiterverwerten.

Kunststoffinfusionsflaschen können auf den Stationszimmern z.B. in Polyethylensäcken gesammelt werden.

Restmüll-Entsorgung

Üblicherweise wird Restmüll in Abfallsäcken gesammelt, im Preßcontainer verdichtet und anschließend deponiert oder verbrannt.

Nicht zum Restmüll zählen Wertstoffe, Laborabfälle, infektiöse Abfälle, Körper- und Organteile. Diese sind gesondert in entsprechenden Sammelbehältern zu sammeln und zu entsorgen.

Spitze Gegenstände (Kanülen, Skalpelle), Altmedikamente können zusammen mit dem Restmüll entsorgt werden, sollten aber innerhalb des Krankenhauses getrennt erfaßt werden.

Aufgrund neuer Gesetze (TA Siedlungsabfall, Rückstands- und Abfallwirtschaftsgesetz) ist damit zu rechnen, daß kompostierbare organische Abfälle von der gemeinsamen Entsorgung mit Restmüll ausgeschlossen werden. Sie sind dann getrennt zu sammeln und zu kompostieren.

Abfallverwertung – Der Grüne Punkt

M. Scherrer

Mit dem Inkrafttreten mehrerer neuer Gesetze und Verordnungen (Verpackungsverordnung, Technische Anleitung Siedlungsabfall [TASi]) ist damit zu rechnen, daß die kommunalen Abfallentsorger verwertbare Abfälle von der kommunalen Abfallentsorgung ausschließen. Konkret bedeutet dies, daß zur Entsorgung bereitgestellte oder bei der kommunalen Entsorgungseinrichtung angelieferte Abfälle, die verwertbare Bestandteile enthalten, dort nicht mehr angenommen werden und vom Abfallerzeuger zurückgenommen werden müssen. Die verwertbaren Bestandteile müssen vom Abfallerzeuger aussortiert und verwertet werden, erst dann erfolgt die Abnahme der Abfälle bei der Abfallentsorgungsanlage. Ein ähnliches Verfahren ist zukünftig für organische kompostierbare Abfälle zu erwarten.

Die Fraktionen, die zur Verwertung getrennt gesammelt werden, sollten *neben* den gesetzlichen Vorgaben nach zwei Gesichtspunkten ausgewählt werden.

Zum einen ist der Mengenaspekt zu beachten. Kleine Wertstofffraktionen lohnen nicht den Aufwand, der für die Sammlung betrieben werden muß. Eine Verwertung um jeden Preis kann vom Gesetzgeber nicht gewünscht werden und wird im Abfallgesetz dadurch auch ausgedrückt, daß eine Verwertung nur dann Vorrang vor der sonstigen Entsorgung hat, wenn die dabei entstehenden Kosten im Vergleich zu anderen Verfahren der Entsorgung nicht unzumutbar sind.

Zum zweiten sollten die Fraktionen danach bestimmt werden, ob überhaupt eine sinnvolle Verwertungsmöglichkeit vorhanden ist oder in absehbarer Zeit in ausreichender Kapazität möglich sein wird.

Am 21. 6. 1991 ist die Verpackungsverordnung in Kraft getreten. Die Verordnung soll erreichen, daß Verpackungen ganz vermieden, minimiert und Mehrwegsysteme bevorzugt werden. Nicht wiederverwertbare Verpackungen sollen außerhalb der öffentlichen Abfallentsorgung gesammelt und stofflich verwertet werden. Im Zuge der Verpackungsverordnung können prinzipiell *alle* Verpackungen den Herstellern bzw. Lieferanten zurückgegeben und müssen von ihnen stofflich verwertet werden oder die Hersteller bzw. Lieferanten können sich dazu eines Dritten z. B. des Dualen Systems bedienen. In der Verpackungsverordnung sind die Verpackungen in drei Gruppen gegliedert:

- Transportverpackung,
- Umverpackung,
- Verkaufsverpackung.

Für diese drei Verpackungsgruppen sind gestaffelte Termine für das Inkrafttreten der Rücknahmeverpflichtung festgelegt (siehe Tabelle 1).

Für Transportverpackungen gewähren die Hersteller und Lieferanten zum Teil Preisnachlässe, wenn die Krankenhäuser auf ihr Rückgaberecht

Tabelle 1. Verpackungsarten

Transportverpackungen	Umverpackungen	Verkaufsverpackungen
Transportverpackungen dienen dem Schutz der Waren beim Transport. Zu den Transportverpackungen gehören u. a. Fässer, Kanister, Kisten, Säcke, Paletten und Kartons. Falls der Verbraucher die Übergabe der Waren in der Transportverpackung wünscht, wird diese Verpackung zu einer Verkaufsverpackung und muß als solche entsorgt werden.	Umverpackungen dienen dazu – den Verkauf von Waren in Selbstbedienungsläden zu ermöglichen – den Diebstahl zu erschweren oder zu verhindern – oder überwiegend der Werbung. Dies sind beispielsweise Blister, Folien oder Kartons. Im medizinischen Bereich fallen keine Umverpackungen an, da die Verpackung hier anderen Zwecken als der Selbstbedienung, dem Diebstahlschutz bzw. der Werbung dient.	Die Verkaufsverpackungen dienen dazu, daß der Verbraucher die Ware transportieren oder gebrauchen kann. Sie verlieren ihre Funktion erst beim Verbraucher. Zu den Verkaufsverpackungen gehören beispielsweise Joghurtbecher, Zahnpastatuben, Infusionsflaschen, Sterilverpackungen, Tablettenblister u. ä.
Die Rücknahmeverpflichtung für *Transportverpackungen* gilt seit dem *1. 12. 1991.*	Seit *1. 4. 1992* können *Umverpackungen* in den Geschäften zurückgelassen werden. Die Händler müssen diese Verpackungen außerhalb der öffentlichen Abfallentsorgung einer stofflichen Verwertung zuführen.	Seit dem Stichtag *1. 1. 1993* sind alle *Verkaufsverpackungen* von der Kommunalen Abfallentsorgung ausgeschlossen. Die Rücknahmepflicht entfällt, wenn es der Wirtschaft gelingt, bis zum *1. 7. 1995* flächendeckend ein haushaltsnahes eigenes Sammel- und Verwertungssystem aufzubauen. Eine Sammelsystem für die Krankenhäuser befindet sich im Aufbau.

verzichten und die Verpackungen selbst der Verwertung zuführen. Seit der Einführung der Verpackungsverordnung ist ein vermehrter Einsatz von mehrfach verwendbaren Verpackungen und branchenbezogenen Mehrwegsystemen (Pharma-Mehrweg-Box) festzustellen.

Für Verkaufsverpackungen gelten ebenfalls zeitlich gestaffelte Erfassungs- und Sortierquoten in bezug auf bestimmte Materialgruppen. Bis zum 1.7.1995 müssen beispielsweise 72% aller hergestellten Verpackungsmaterialien erfaßt, sortiert und zu 100% stofflich verwertet werden. Wird dies nicht erreicht, müssen die Hersteller bzw. Lieferanten nach einer Übergangszeit von 6 Monaten alle Verkaufsverpackungen zurücknehmen und der stofflichen Verwertung zuführen. Das Duale System wurde im September 1990 dazu gegründet, die Verpackungsverordnung für Verkaufsverpackungen umzusetzen. Dazu wird parallel zur kommunalen Entsorgung ein eigenes, von der Wirtschaft getragenes haushaltsnahes Erfassungs- und Verwertungssystem für gebrauchte Verpackungen aufgebaut. Dieses soll eng mit den bisherigen kommunalen Sammel- und Sortiersystemen der Stadt- und Landkreise verzahnt und abgestimmt werden. DSD ist die Abkürzung für Duales System Deutschland GmbH, eine Gesellschaft von derzeit rund 400 Gesellschaftern aus den Bereichen Handel, Konsumgüterindustrie und Verpackungswirtschaft.

Das DSD erhebt von den Herstellern, die den Grünen Punkt auf ihre Waren drucken, bestimmte Beträge, die sich nach dem Gewicht und der Verwertbarkeit des Verpackungsmaterials richten. Mit dem Grünen Punkt wird also lediglich nachgewiesen, daß sich der Verpackungshersteller oder der Vertreiber des Produkts an der Finanzierung des Dualen Systems beteiligt, er ist ein reines Finanzierungsinstrument des DSD. Der Grüne Punkt hat nichts mit Ökologie zu tun, er kennzeichnet vielmehr lediglich Einwegverpackungen. Die Kosten für den Grünen Punkt geben die Hersteller oder Lieferanten in der Regel an den Verbraucher weiter, d.h. der Verbraucher finanziert das Duale System über den Einkaufspreis.

Abgesehen von den organisatorischen Problemen (z.B. Platzmangel, geeignete Sammelbehälter, Personalmangel) in den Krankenhäusern, die durch die Einführung eines weitgehend neuen Wertstoffsammelsystems entstehen, sind die finanziellen Mehrbelastungen beträchtlich. Nach Schätzungen sind für die notwendigen Sammelsysteme mit 100–150 DM/Bett zu rechnen. Geht man davon aus, daß in den meisten Kliniken ein neues Sammelsystem beschafft und diese Kosten erst einmal investiert werden müssen, bedeutet dies für die Jahre 1993 und 1994 eine Mehrbelastung des Gesundheitswesens von 84–126 Mio. DM. Darin sind noch nicht einmal die Kosten für die Arbeitszeit zur Einführung und den Betrieb des internen Wertstoffsammelsystems enthalten. Das Duale System wird sich an den Investitions- und Lohnkosten mit größter Wahrscheinlichkeit nicht beteiligen.

Jede Verpackung wird zukünftig gemäß ihrem Gewicht und der Verwertungsmöglichkeit des Materials mit gestaffelten Gebühren bewertet. Konkret sehen die Kosten für den Grünen Punkt derzeit so aus:

- Glas 0,16 DM/kg
- Naturstoffe 0,20 DM/kg
- Papier/Pappe/Karton 0,33 DM/kg
- Weißblech 0,56 DM/kg
- Aluminium 1,00 DM/kg
- Verbunde 1,66 DM/kg
- Kunststoffe 2,61 DM/kg

Insgesamt werden vom Dualen System dann 210 000–300 000 t Verpackungen pro Jahr aus Krankenhäusern entsorgt.

Welche genaue Spezifikation die Wertstoffe aus dem Krankenhaus für die Abnahme durch das Duale System haben sollen, steht mittlerweile fest. Mindestens folgende Fraktionen sollen getrennt gesammelt und verwertet werden:

Papier/Pappe

Papier und Pappe können in einer Fraktion gesammelt werden, der Recyclingprozeß ist für diese Materialien im wesentlichen gleich. Die materialgleiche Sammlung gilt insbesondere für diese Fraktion. Papierabfälle, die keine Verpackungen sind, können trotzdem in dieser Fraktion gesammelt werden, u. U. werden die Verwertungskosten für die Fraktion nicht vollständig vom Verwerter übernommen, sondern der Erzeuger muß anteilige Kosten, entsprechend dem verpackungsfremden Anteil selbst übernehmen. Besonders problematisch sind Spezialpapiere im medizinischen Bereich (z. B. Sterilverpackungen). Diese Papiere sind entweder beschichtet oder durch ein besonderes Verfahren naßfest behandelt. Aufgrund des Verbundes können diese Papiere nicht in der Papierfraktion verwertet werden. Naßfeste Papiere sind zwar prinzipiell verwertbar, jedoch nicht zusammen mit herkömmlichen Papieren. Naßfestes Papier hat ein verzögertes Auflöseverhalten, welches ein getrenntes Verwertungsverfahren erforderlich macht. Aufgrund der geringen Mengen lohnt sich jedoch eine Sammlung und die Anwendung des speziellen Verfahrens nur für Produktionsabfälle.

Glas

Die Glasfraktion wird unterteilt in Weiß-, Braun- und Grünglas. Bei der Glasfraktion kann es zu örtlichen Unterschieden hinsichtlich der Anzahl der Glasfraktionen und der zu sammelnden Glasqualitäten kommen. Die genaue Festlegung ist abhängig von der Glashütte. Ein gewisser Prozentsatz an Verunreinigungen durch andere Glassorten ist insbesondere bei den

Buntglassorten akzeptabel, deshalb kann Braun- und Grünglas gemeinsam gesammelt werden. Verunreinigungen durch fraktionsfremde Bestandteile (Metall, Kunststoff) werden örtlich unterschiedlich akzeptiert. Einige Glashütten sind nicht in der Lage, diese Fremdstoffe zu entfernen und können damit verunreinigte Glasfraktionen nur unter größten Schwierigkeiten verwerten. Es kann deshalb notwendig werden, diese Fremdbestandteile beim Wertstofferzeuger zu entfernen.

Es ist zu empfehlen, die Glasfraktionen in durchdringfesten Behältnissen zu sammeln und zu entsorgen, dadurch werden Verletzungen durch Glasbruch oder Glasscherben vermieden.

Kunststoffe/Verbundverpackungen/Metalle

Eine getrennte Sammlung für Kunststoffe ist derzeit beim Dualen System nicht vorgesehen. Diese Wertstoffe sollen zusammen mit sämtlichen Verbundverpackungen und Metallen gesammelt, nachsortiert und verwertet werden. Sehr kritisch ist die Verwertung von Verbundverpackungen und Verpackungen aus Kunststoff. Verbundverpackungen – können wenn überhaupt – nur unter einem erheblichen Aufwand verwertet werden. Die Produkte, die dabei entstehen, haben eine wesentlich geringere Qualität als die Ausgangsprodukte. Eine weitere Verwertung dieser »Downcyclingprodukte« ist nur noch schwer möglich. Bei Kunststoffen ist eine ausreichende Verwertungskapazität noch lange nicht in Sicht. Nach Aussagen des Dualen Systems muß ein Großteil der bereits eingesammelten Kunststoffe zunächst zwischengelagert werden, weil eine Verwertung derzeit noch nicht möglich ist.

Die Ausnahme für die Verwertungsfähigkeit bildet das expandierte Polystyrol (EPS = Styropor®). Dieses Material kann vollständig verwertet und teilweise sogar wiederverwendet werden.

Selbstverständlich sind mit Patientenmaterial (Blut, Urin, Stuhl etc.) kontaminierte Wertstoffe von der Verwertung ausgeschlossen.

Die Entsorgung von Verpackungen aus Arztpraxen nach dem Dualen System wird sich in der Regel am System für Privathaushalte orientieren. Zum einen sind die meisten Arztpraxen in Gebäuden untergebracht, in denen sich auch Wohnungen befinden, so daß eine getrennte Entsorgung schwierig wäre. Zum anderen unterscheiden sich die Verpackungswertstoffe aus der Arztpraxis von den Verpackungen aus Privathaushalten in der Regel lediglich durch die Menge. In der Mengenproblematik liegt auch das größte Problem der Arztpraxen. Da in einer Arztpraxis in der Regel mehr Verpackungswertstoffe anfallen als im Privathaushalt, können größere oder mehr Behälter notwendig werden, was unter Umständen zusätzlich vergütet werden muß. Ansonsten gelten die für Krankenhäuser gemachten Aussagen über die Wertstofffraktionen und die Finanzierung auch für die Arztpraxen.

Ökologischer Einkauf

M. Dettenkofer und L. Brinker

In bundesdeutschen Krankenhäusern fallen jährlich ca. 1,2 Millionen Tonnen Abfälle an. Dies entspricht einer täglichen Menge von 3–5 kg pro Krankenhausbett. Der Bürger produziert somit als Patient wesentlich mehr Müll als zu Hause oder an seinem Arbeitsplatz.

Als Konsequenz aus der zunehmenden Abfallproblematik ist die Forderung an Produzenten und Verbraucher zu richten, schon bei der Produktentwicklung und -beschaffung an die spätere Entsorgung zu denken.

Der Klinik-Verwaltung kommt bei der Abfallvermeidung eine besondere Rolle zu, da sie die Schaltstelle zwischen Produzenten und (End-) Verbrauchern darstellt. Die Vermeidung großer Abfallmengen kann durch die konsequente Einbeziehung ökologischer Kriterien beim Produkteinkauf erreicht werden. Dies gilt auch für den Bedarf der Verwaltung selber, z.B. im Bürobereich, auf den unten näher eingegangen wird.

Dabei ist die Abfallreduktion nur ein ökologisch relevanter Aspekt: *Umweltfreundliche Produkte sollten generell bevorzugt werden.* Eine ausführliche Orientierungshilfe hierzu gibt das vom Umweltbundesamt herausgegebene Handbuch »Umweltfreundliche Beschaffung« (Bauverlag, Neuauflage Herbst 1993).

Für den Einkauf von Medikal-Produkten ergeben sich in Hinblick auf Abfallvermeidung und -reduktion folgende Leitlinien:

Bevorzugung umweltbewußter Hersteller

Das Institut für Umweltmedizin und Krankenhaushygiene der Universitätsklinik Freiburg hat 1992 einen Arbeitskreis „Die Rolle der Hersteller beim Umweltschutz im Krankenhaus" gegründet, dem führende Hersteller von pharmazeutischen Produkten, Medikalprodukten, Reinigungsmitteln, Desinfektionsmitteln und Diagnostika angehören. Dieser Arbeitskreis hat sich Aufgaben gestellt, die als Prioritäten bearbeitet werden sollen; ein Teil davon ist in den einzelnen Unternehmen bereits realisiert, ein anderer Teil wird in naher Zukunft realisiert werden (Tabelle 1).

Ökologische Veränderungen in Klinik und Praxis müssen in Zukunft immer bilateral erfolgen. Es kann also nicht immer nur eine Seite, z.B. die Klinik Forderungen erheben und davon ausgehen, daß diese Forderungen

Tabelle 1. Empfehlungen des Arbeitskreises „Die Rolle der Hersteller beim Umweltschutz im Krankenhaus"

- weniger Verpackung
- Verpackung möglichst aus recyclingfähigem Monostoff
- kein Styropor
- kein PVC
- ökologisches Produktdesign (z. B. möglichst wenig Volumen, Gewicht, umweltfreundliche Materialien)
- keine Werbegeschenke
- möglichst ausschließliche Verwendung von Recycling-Papier

von den Herstellern erfüllt werden; in Zukunft müssen beide Seiten Einschränkungen in Kauf nehmen. In der Klinik bedeutet dies in der Regel den Verzicht auf Ansprüche, die im Laufe der Zeit zur Gewohnheit wurden (z. B. speziell für eine Klinik verpackte Dauerkathetersets). Zur Erhaltung unserer Lebensgrundlagen ist nicht nur ein verändertes ökologisches Verhalten von Herstellern, sondern vor allem auch von Kunden erforderlich.

Beim ökologischen Einkauf sollten Hersteller bevorzugt werden, welche Umweltschutz zum Bestandteil ihrer Unternehmensstrategie gemacht haben. Beispiele, was durch konsequente und systematische Umweltschutz-

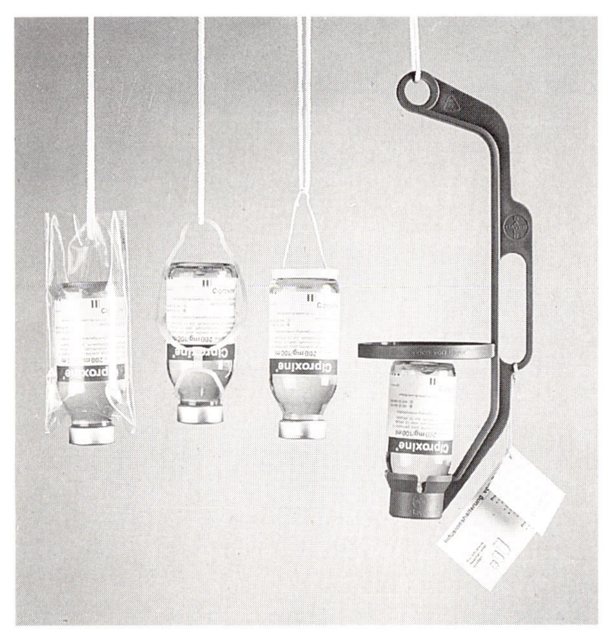

Abb. 1. Der Mehrweginfusionsflaschenaufhänger ersetzt alle marktgängigen Einmal-Aufhängesysteme

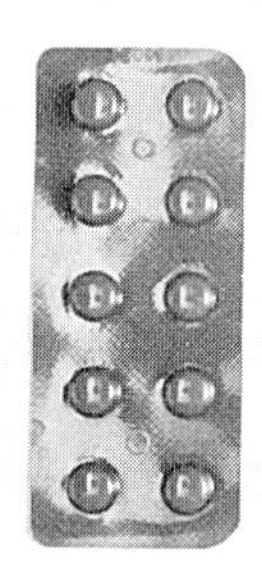
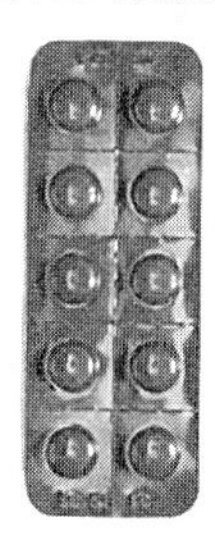

Abb. 2. Neuer Tablettenblister

maßnahmen eines umweltbewußten Herstellers zu erreichen ist, sind in der Tabelle 2 und den Abb. 1 und 2 dargestellt. Ein weiteres sehr gutes Ergebnis der systematischen Umweltforschung eines Medikalproduktherstellers ist das PVC-freie Infusionsbesteck von B. Braun Melsungen (s. Abb. 1 S. 69). Besonders hervorzuheben ist der Einsatz von PVC und PVCD bei Tablettenblister und die darauf aufbauende Entwicklung eines Polypropylen (PP) Einstoffblisters, wodurch sich auch die Aluminiumfolie erübrigt. Dadurch erzielt die Bayer AG eine Reduktion der Umweltbelastung durch PVC von ca. 450 Tonnen pro Jahr. Durch den Einsatz der Mehrfachinfusionsflaschenaufhänger, von denen die Bayer AG ca. 600 000 Stück 1993 an alle Kliniken abgegeben hat, spart allein das Universitätsklinikum Freiburg eine Tonne Kunststoffmüll pro Jahr ein.

Tabelle 2. Müllreduktion (Volumen- und Gewichtseinsparungen) in Kliniken durch einen umweltbewußten Hersteller (Bayer AG)

Projekt	Menge/Jahr	Gewichts-/ Volumen- veränderung
• Verzicht auf Styroporflocken in Versand-gebinden	ca. 600 m^3	–600 m^3
• Wegfall der Feile durch Einsatz von OPC-Ampullen	ca. 10 Mio. St	–10 t
• Verzicht auf Tiefziehteile bei Adalat p.i. und Mycospor	ca. 700 000 St	–12,5 t
• Einsatz von Leichtglas-Infusionsflaschen	ca. 2 Mio. St	–20 t
• Einsatz von Leichtglas-Tropf-/Saftflaschen	ca. 13 Mio. St	–130 t
• neues Streifenformat für Tabletten bis 8 mm Durchmesser	ca. 96 Mio./ Blister	–20 t
• Ersatz von PVC und PVC-PVDC bei Tablettenblister	ca. 250 Mio. Blister	–ca. 450 t PVC bzw. PVC/ PVCD
• Einsatz der Pharma-Box für Klinik-belieferung	ca. 300 000 St	–ca. 120 t Well-pappe
• Mehrfach-Infusionsflaschenaufhänger anstatt von Einmalsystemen	einmalig 600 000 St	–16,5 t Einmal-beutel
• Einsatz von Recyclingkarton mit mind. 90% Recyclinganteil	ca. 1800 t	+ca. 200 t
• Einsatz von Recyclingpapier	ca. 300 t	+ca. 120 t

Auswahl abfallarmer Produkte

Man sollte sich als Mitarbeiter der Beschaffungsabteilung einer großen Klinik, aber auch als Arzt in der Praxis ruhig die Mühe machen und beispielsweise beim Einkauf von Einwegspritzen die Spritzen und Verpackungen der verschiedenen Hersteller wiegen. Dies beansprucht nur wenige Minuten, führt aber nicht selten zu erstaunlichen Abfalleinsparungen, wenn man das Produkt für den gleichen Verwendungszweck, aber mit dem geringsten Produkt- bzw. Verpackungsgewicht einkauft. Eine derartige Analyse für Absaugkatheter und Spritzen ist in den Tabellen 3 und 4 zusammengestellt.

Tabelle 3. Produkt- und Verpackungsgewicht von Absaugkathetern (CH 14)

Hersteller	Produktgewicht (g)	Verpackung (g)	Verpackungsfaktor
A	6,3	8,4	1,3
B	10,0	3,1	0,3
C	7,7	2,9	0,4

Tabelle 4. Produkt- und Verpackungsgewicht von Spritzen (5 ml)

Hersteller	Produktgewicht (g)	Verpackung (g)	Verpackungsfaktor
D	5,5	11,0	2,0
E	6,2	8,0	1,3

Einweg- versus Mehrwegprodukte

Einweggeschirr, Einwegwäsche, Einweginstrumente und -geräte (Scheren, Skalpelle, Pinzetten und Behältnisse wie Nierenschalen) sollen durch Mehrwegprodukte ersetzt werden. In Tabelle 5 sind hygienisch unnötige Einwegprodukte für Klinik und Praxis zusammengestellt.

In Tabelle 6 ist beispielhaft für einige Produkte die Abfallmenge durch Einwegprodukte zusammengestellt, die jährlich im Universitätsklinikum Freiburg anfiel.

Redonflaschen aus PVC können beispielsweise durch wiederaufbereitbare Redonflaschen oder zumindest durch solche aus Polyethylen (PE) ersetzt werden. Redonflaschen aus PE sind zwar etwas teurer als die aus PVC, durch geschickte Verhandlungen bzw. Großeinkäufe kann man jedoch die PE-Redonflaschen zum Preis der PVC-Flaschen bekommen.

Im Universitätsklinikum Freiburg werden keine Einwegabsaugsysteme verwendet, sondern ausschließlich wiederverwendbare Absaugsysteme (s. Abb. 3).

Tabelle 5. Unnötige Einwegprodukte für Klinik und Praxis

Nierenschalen (Pappe)	Schuhüberzüge
Thoraxdrainagesysteme	Geschirr (Polystyrol)
Bauchtücher	Schnuller, Milchflaschen
OP-Kleidung	Putztücher
Beatmungsschläuche	Spraydosen
Beatmungsfilter	Fadenziehbestecke
Absaugsysteme	Verbandsets
Redonflaschen (PVC)	Untersuchungshandschuhe (PVC)

Tabelle 6. Abfallmenge durch Einwegprodukte (Universitätsklinik Freiburg, 1986)

Nierenschalen (Pappe)	5 660 kg
Geschirr (Polystyrol)	6 060 kg
Schuhüberzüge (PVC)	937 kg
Putztücher	7 040 kg
Untersuchungshandschuhe (PVC)	19 370 kg
Redonflaschen (PVC)	4 000 kg
Thoraxdrainagen	1 730 kg

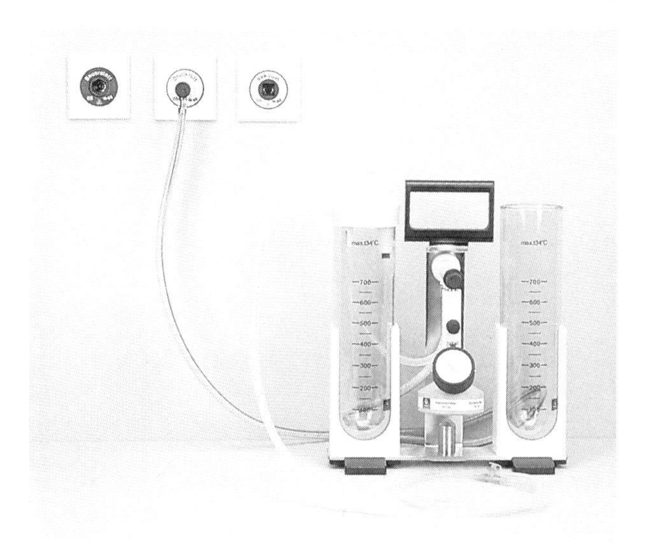

Abb. 3. Mehrweg-Absaugsystem (Fa. Dräger)

Bestimmte als Einwegprodukte verkaufte Artikel wie Elektroden oder Verbandsets können nach einer entsprechenden Wiederaufbereitung (Reinigung, Desinfektion, Sterilisation) ohne Einbuße des Hygienestandards mehrfach verwendet werden.

Die Mehrwegalternativen sind bei vergleichender ökologischer Betrachtung allerdings nicht in jedem Fall vorzuziehen, da der reduzierten Produktions- und damit Abfallmenge eine teilweise aufwendige und schwierige Wiederaufbereitung gegenübersteht. Nur teilweise gefüllte Desinfektions- und Spülautomaten führen zur gleichen Umweltbelastung wie vollständig gefüllte.

Eine objektive Beurteilung wird durch die Erarbeitung von sog. »Produkt-Ökobilanzen« oder »Produktlinienanalysen« erwartet, die auf den Seiten 53–61 näher besprochen werden. Sie sind in ihrer Methodik allerdings noch nicht standardisiert und nur unter Vorbehalt als Entscheidungshilfe geeignet.

Einwegprodukte aus dem unter ökologischen Gesichtspunkten problematischen Kunststoff PVC sollten wo immer möglich durch qualitativ gleichwertige und umweltfreundlichere Materialien (z. B. Latex, Polyethylen, Polypropylen) ersetzt werden.

Verpackungen

Bei der Produktauswahl ist der Verpackungsaufwand zu berücksichtigen. Er soll das für Transport, Lagerung, Hygiene und Sterilität erforderliche Maß nicht überschreiten. Eine besonders unsinnige und aufwendige Verpackung zeigt Abb. 4.

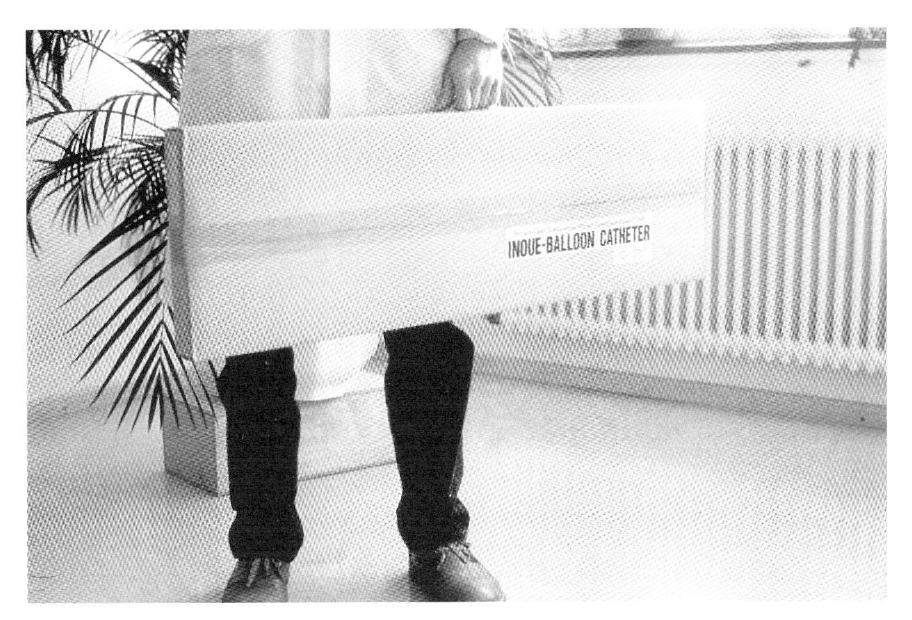

Abb. 4. Überflüssig große Verpackung eines Katheters

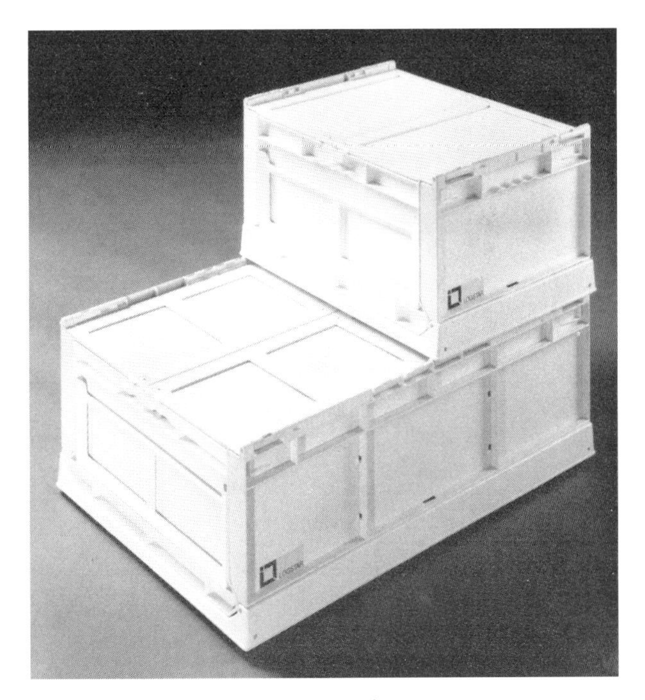

Abb. 5. Pharmabox (Fa. Logstar)

Unvermeidbare Verpackungen werden getrennt nach Papier, Pappe, Glas und Metallen gesammelt; bevorzugt einzusetzen sind:

- Produkte mit geringem Verpackungsaufwand (z.B. Konzentrate) und bedarfsgerechter Verpackungsgröße, zum Beispiel nicht einzeln verpackte Infusionsbestecke der Firma B. Braun Melsungen;
- Produktverpackungen, die nachfüllbar, wiederverwendbar oder anderweitig als Behältnisse einsetzbar sind;
- Produkte, deren Transportverpackungen vom Hersteller zurückgenommen werden;
- Produkte, die in wiederverwendbaren Transportbehältern geliefert werden (z.B. Pharmabox der Fa. Logstar, s. Abb. 5).

Büro

Alle im Bürosektor eingesetzten Materialien, auch sog. umweltfreundliche Produkte, müssen zunächst einmal *möglichst frei von gesundheitsschädlichen Stoffen und Wirkungen* sein. Die Ergonomie im Büro kann hier nur kurz angesprochen werden. Hierunter fallen z.B. die menschengerechte Gestaltung des Arbeitsplatzes (§ 90 Betriebsverfassungsgesetz), Fragen der Belastung durch künstliches Licht, Klimaanlagen und Lärm sowie die Bedeutung körper- und arbeitsgerechter Sitzmöbel.

Unter ökologischen Aspekten sind bei den Büromaterialien neben dem wichtigen Verbrauchsfaktor »Papier« vor allem Schreib- und Kopiermaterialien sowie Klebstoffe von Interesse. Im Bürobereich stehen heute für viele Materialien umweltfreundliche Alternativ-Produkte zur Verfügung. Vor dem Kaufentscheid ist es notwendig, sich beim Verkäufer, Lieferanten oder Hersteller über die Inhaltsstoffe der gewünschten Produkte zu informieren. Im Zweifelsfall sollte man den Kauf von der Erteilung der entsprechenden Auskunft abhängig machen.

Papier

Die Deutschen haben bekanntlich ein sehr großes gegenseitiges Informationsbedürfnis, das teilweise zu einer Kopiermanie geführt hat. Jedes deutsche Sekretariat ist viele Stunden in der Woche damit beschäftigt, irgendwelche wichtigen oder weniger wichtigen Briefe, Aktennotizen oder ähnliches abzuheften. Unter anderem hat dies dazu geführt, daß der Pro-Kopf-Verbrauch an Papier mit 250 kg pro Einwohner und Jahr ca. doppelt so hoch ist als der in Frankreich.

Allein im Universitätsklinikum Freiburg werden jährlich ca. 12 Millionen Blatt entsprechend 60 t Schreibpapier verbraucht. Tabelle 7 gibt einen Überblick zu dem daraus resultierenden Rohstoffverbrauch und der Umweltbelastung.

Tabelle 7. Rohstoffverbrauch und Umweltbelastung durch den jährlichen Papierverbrauch des Universitätsklinikums Freiburg (12 Millionen Blatt)

Holzverbrauch	132 000 kg
Wasserbedarf	6 900 000 l
Abwasserbelastung (CSB)	4 200 kg
Energiebedarf	438 000 kWh

Für die 132 t Holz müssen etwa 70–100 ausgewachsene Bäume gefällt werden. Der Energieverbrauch liegt bei umgerechnet ca. 35 000 l Heizöl!

Die Urwälder in Brasilien, Kanada oder Asien werden nicht nur durch Großkonzerne und Geschäftemacher in den jeweiligen Ländern, sondern durch jeden einzelnen von uns abgeholzt. Wenn beispielsweise Briefe grundsätzlich nur einseitig bedruckt oder beschrieben werden, so sind dies exakt 100 % zuviel Papierverbrauch. Jedes Blatt Papier hat bekanntlich zwei Seiten, die Rückseite kann zumindest noch als Konzept- oder Schmierpapier verwendet werden. Neben Papiersparen, z. B. durch konsequent doppelseitiges Kopieren und Bedrucken, ist der möglichst 100 %ige Einsatz von *Recycling-Papier* eine wichtige umwelt- und ressourcenschonende Maßnahme. *Dadurch können ca. 90 % des Wasserverbrauches und der Abwasserbelastung sowie 80 % des Energiebedarfs eingespart werden.* Durch die Wiederverwendung von Altpapier werden die Deponien entlastet. Nur für wenige Ausnahmefälle wie z. B. für Dokumente sollte noch das weiße (chlorfrei gebleichte) Papier verwendet werden. Auch dieses als »umweltfreundlich« bezeichnete Papier trägt zu unnötigem Ressourcenverbrauch und zu Umweltbelastungen bei, wenn auch durch die Sauerstoffbleiche die Bildung von toxischen chlororganischen Verbindungen verhindert wird.

Man gewöhnt sich sehr schnell an das vornehme Grau des Recyclingpapiers.

Die wichtigsten Papiersparmaßnahmen in Klinik und Praxis sind in Tabelle 8 zusammengefaßt.

Tabelle 8.

- Mitteilungen und Briefe doppelseitig beschreiben
- Leere Rückseiten als Konzept- bzw. Schmierpapier verwenden
- Weniger kopieren, vor allem doppelseitig kopieren – falls möglich auch verkleinert (kopiert ist nicht kapiert!)
- Recyclingpapier verwenden
- Keine aufwendigen Prospekte und Tagungsunterlagen annehmen, bei Sonderdrucken auf Recyclingpapier bestehen
- Beim Versenden möglichst kleine Umschläge benutzen (spart Portokosten)
- Falls möglich Postkarten verschicken

Schreibmaterialien

Bleistifte, Buntstifte: Bleistifte sind weitgehend unbedenklich und werden leider viel zu wenig verwendet. Sie bestehen aus einem mit Holz ummantelten Graphit/Ton-Gemenge (je nach Härte 20–70 % Ton, *kein* Blei). Weiterhin sind Fette und Wachse (ca. 20 %) enthalten, um die Gleit- und Haftfähigkeit auf dem Papier zu erhöhen. Es sollten unlackierte Bleistifte verwendet werden, da der Farbmantel Schwermetalle enthalten kann.

Bei Buntstiften sollte man Produkte aus Fernost wegen möglicherweise schwermetallhaltiger Farbstoffe z. Zt. noch meiden. Am besten sind Buntstifte mit Lebensmittelfarbstoffen, die gegenüber anderen Farbstoffen das bei weitem kleinere Übel sind.

Filzstifte/Faserschreiber: Problematisch sind die Lösungsmittel und Farbstoffe, soweit es sich nicht um Lebensmittelfarbstoffe handelt.

Faserschreiber haben wie Füllhalter und Tintenkulis meist ein eingefärbtes Kunststoffgehäuse. Dieses ist u. U. cadmiumhaltig, so daß unbewußtes in den Mund nehmen oder Kauen auf dem Gehäuse ein Gesundheitsrisiko darstellen kann. Gesundheitsschädlich sind auch die in Faserschreibern enthaltenen Lösungsmittel, die vom Schreibenden eingeatmet werden. Mittlerweile sind von verschiedenen Herstellern lösungsmittelfreie Faserschreiber erhältlich.

Bei den Filzstiften ist weiterhin der hohe Rohstoff- und Energieverbrauch (z. B. im Gegensatz zu Bleistiften) bei der Herstellung negativ zu bewerten, als Abfallstoffe verrotten sie nicht.

Kugelschreiber: Für die Kugelschreibergehäuse gilt das gleiche wie für Filzstifte.

In den Kugelschreiberpasten sind kationische Farbstoffe gebunden. Die Pasten bestehen aus meist unbedenklichen organischen Substanzen sowie Verdickungsmitteln (häufig Polyvinylpyrrolidon). Dokumentenechte Kugelschreiber enthalten außerdem Kunstharze wie Cyclohexanon- und Phthalatharze. Diese sind wegen ihres Gehalts an toxischen Monomeren zu meiden.

Blaue Pasten enthalten Blaubasen, lösliche Phthalocyaninbasen, Nigrosinsalze oder Brilliantgrünsalz, alles Stoffe, die nicht unbedenklich sind, da sie (außer den Phthalocyaninen) zur Gruppe der gesundheitsgefährdenden Anilinfarbstoffe gehören. Wenn man Kugelschreiber verwenden will, sollten es solche mit auswechselbarer Mine sein. Besser ist jedoch ein Füllfederhalter mit blauer Tinte (am besten mit Nachfülltank).

Füllfederhalter/Tintenkugelschreiber: Bei den Schreibflüssigkeiten handelt es sich meist um wäßrige Lösungen von Farbstoffen, die mit Feuchthaltemitteln und Konservierungsstoffen versetzt sind. Die Farbstoffe selbst, Triarylmethanderivate, sind ungiftig. Ausnahmen sind die Cancerogene Methylviolett und Kristallviolett, die sich auch in Kopierstiften und Stempelfarben finden. Rote Tinte sollte vermieden werden, falls sie Eosin enthält.

Radiergummis: Sie enthalten oft Weichmacher wie z.B. Phthalate. Als gefährlich sind sie vor allem dann zu bewerten, wenn sie als Scherzartikel (z.B. Keks, Erdbeere) gestaltet sind und in Kinderhände gelangen können. Die Weichmacher sind meist ungiftig, können aber beim In-den-Mund-nehmen aus den Radiergummis partiell gelöst werden. Sollte ein Teil des Radiergummis verschluckt werden, so führt das Herauslösen der Weichmacher im Magen dazu, daß im Körper ein harter, u.U. scharfkantiger Gegenstand entsteht, der zu inneren Verletzungen führen kann.

Textmarker, Korrekturlacke: Der vermeintliche Vorteil von sogenannten Textmarkern geht verloren, wenn die halbe Seite markiert ist. Mit Blei- oder Buntstiften läßt sich genauso gut markieren, was darüber hinaus den Vorteil hat, daß die Markierung über lange Zeit haltbar ist und die Vorlagen noch kopierbar sind. Spezielle Buntstifte für diesen Zweck werden als Trockentextmarker angeboten.

Korrekturlacke auf Wasserbasis bestehen aus einer Aufschlämmung von Weißpigmenten wie Kreide oder Titandioxid in wäßrigen, alkalischen Dispergiermitteln. Die Weißpigmente sind gefahrlos. Da diese Korrekturlacke leicht zum Verschmieren neigen, sind auch solche auf der Basis organischer Lösungsmittel (z.B. 1.1.1-Trichloräthan) erhältlich, die schneller abtrocknen. Technisches 1.1.1-Trichloräthan steht im Verdacht, durch Begleitstoffe mutagen zu wirken; außerdem sind alle halogenierten Kohlenwasserstoffe, zu denen es zählt, gesundheitsschädlich und schädlich für die Umwelt. Auf lösungsmittelhaltige Korrekturflüssigkeiten (z.B. TippEx-fluid) sollte vollständig verzichtet werden.

Kopiermaterialien

Kohlepapier/Durchschreibepapier: Der Farbstoff des Kohlepapiers (»Kohleschwarz«, gewonnen aus Ruß) wird als Wachsemulsion auf das Kohlepapier aufgebracht. Kohleschwarz enthält oft krebserregende Nitropyrene sowie das ebenfalls krebserregende Benzpyren in z.T. gesundheitlich bedenklichen Mengen. In blauen Durchschlagspapieren sind oft die gleichen Farbstoffe wie in blauen Kugelschreibern oder Stempelkissen enthalten, das gleiche gilt für Farbbänder.

Bei den neuartigen Carbonpapieren dienen PVC oder Polyester als Träger, die mit einer wachsfreien Pigmentschicht versehen sind. Dabei wird das farbgebende Medium in einer porösen Harzschicht gespeichert.

Durchschreibepapier (Reaktionsdurchschreibepapier, Action-Papier) ist beschichtetes Papier für Durchschläge ohne Kohlepapier. Für die verwendeten Pigmente gilt das gleiche wie bei Kugelschreibern, Tintenkulis und Kohlepapier.

Photokopierer: Die farbgebende Substanz (Toner) enthält als Farbstoff z. B. Kohleschwarz (s. o.). Beim Betrieb eines Kopierers werden flüchtige Stoffe wie Ozon, Stickoxide oder Kohlenwasserstoffe frei. Diese Stoffe stellen beim nicht kontinuierlichen Betrieb keine gesundheitliche Gefährdung dar. Im Dauerbetrieb (mehrere Stunden) sollte jedoch ausreichende Lüftung vorhanden sein. Vorsicht ist aber bei Reinigungsarbeiten angebracht (Toner, Sensibilisatoren enthalten meist halogenierte Lösungsmittel). Abfälle aus der Reinigung von Tonerwalzen u. ä. sind Sondermüll und dürfen auf keinen Fall in die Kanalisation gelangen. Bei modernen Photokopierern sind die Ozon-Emissionen deutlich reduziert. Einige Modelle bieten die Möglichkeit, gleichzeitig doppelseitig (heute schon Standard) und verkleinert zu kopieren, *was eine Papierersparnis von 75 % gegenüber einseitigem Kopieren bedeutet* (z. B. NP 200 von Fa. Canon). Wichtig ist auch ein möglichst geringer Stromverbrauch, insbesondere im Stand-by-Betrieb. Bei längerer Nichtbenutzung, vor allem nachts, sollen Photokopierer ausgeschaltet werden.

Die unproblematische Möglichkeit der Verwendung von Recycling-Papier ist vom Hersteller des Kopierers zu bestätigen.

Personal-Computer

Der Siegeszug des Computers im Büro- und Verwaltungsbereich hat aus ökologischem Blickwinkel einige problematische Aspekte: Da in immer kürzeren Abständen neue PC-Generationen auf den Markt kommen und eingesetzt werden, müssen die Altgeräte oft schon nach weniger als 5 Jahren entsorgt werden. Neben Sonderabfällen bei der Herstellung fällt erheblicher Computer-Schrott an. Nachdem große Hersteller schon seit einiger Zeit ihre Altgeräte zurücknehmen, scheint sich dies in Deutschland grundsätzlich für alle Marken durchzusetzen. Neben einer Rücknahme-Garantie sollte beim Einkauf darauf Wert gelegt werden, daß die Geräte schadstoffarm hergestellt sind (v. a. CKW/FCKW- und weitgehendst schwermetallfrei) – hier sind die großen Hersteller wie Compac oder IBM und Siemens/Nixdorf Vorreiter.

Bürogeräte tragen bisher mit 3–4 % zum gesamten Elektrizitätsverbrauch bei, bis zum Jahr 2000 wird eine Verdoppelung erwartet. Neugeräte sollen unbedingt mit aktuellen Stromspar-Technologien (z. B. »Stand-by«-Automatik, »low-power«-Microchips) versehen sein. »Notebook«-Computer verbrauchen übrigens deutlich weniger Strom als vergleichbare Standgeräte, vor allem große Farbbildschirme sind regelrechte »Stromfresser«.

Bei Betriebspausen sollen insbesondere Bildschirme und Drucker ausgeschaltet werden – dauern diese länger als eine Stunde, auch der PC.

Computer-Monitore sollen strahlungsarm (Schwedische Norm) und flimmerfrei sein. Bei den Druckern ist als derzeit umweltfreundlichste Alternative ein Tintenstrahldrucker vorzuziehen, der auch problemlos Recycling- oder schon einseitig bedrucktes Papier verarbeitet. Die Tinten-Kartuschen können mit etwas Geschick selber nachgefüllt werden, ggf. sind »long-life« Patronen vorzuziehen.

Weitverbreitet sind mittlerweile Faxgeräte. Bisher kommen dabei vorwiegend Thermopapierdrucker zum Einsatz. Neben dem Nachteil, daß es sich um beschichtetes, nicht recyclingfähiges Spezialpapier handelt, ist Thermopapier nicht dokumentenecht, so daß häufig eine zusätzliche Kopie angefertigt wird. Steht eine Neuanschaffung an, so sollte ein (allerdings teureres) Faxgerät mit Tintenstrahl-Drucker angeschafft werden.

Klebstoffe

Der Grundstoff eines Klebstoffes sorgt für die klebende Wirkung. Die Hilfsstoffe (Weichmacher, Füllstoffe, Lösemittel) bestimmen die Verarbeitungseigenschaften.

Die modernen Kleber enthalten ca. 15 verschiedene Grundstoffe. Jeder Klebstoff sollte entsprechend seines Anwendungszweckes ausgewählt und benutzt werden.

Papierkleber: Für Papier kann zum Kleben größerer Flächen Kleister (Basis: Methylcellulose) empfohlen werden.

Ebenfalls für Papier gut geeignet (auch zum Aufkleben von Photos) sind Klebestifte. Ihr Grundstoff ist das unbedenkliche Polyvinylpyrrolidon. Sie enthalten zudem Konservierungsstoffe wie die relativ ungefährlichen Ester der p-Hydroxybenzoesäure (PHB-Ester).

Gleiches gilt für die empfehlenswerten Papierkleber auf Naturstoffbasis wie Stärke oder Dextrine.

Alleskleber: Im Gegensatz zu den Papierklebern sind die Alleskleber nicht vorbehaltlos zu empfehlen, da sie meist größere Mengen an Lösungsmitteln wie z. B. Aceton, Alkohole oder Ester (bis zu 70 %) enthalten. Dies gilt insbesondere für deren Gebrauch in geschlossenen Räumen.

Klebergrundstoff sind meist Kunstharze wie Polyester oder Nitrocellulose.

Zweikomponentenkleber: Sie bestehen aus dem Binder und dem Härter. Durch Vermischung der beiden Komponenten entsteht ein für kurze Zeit verarbeitbares Gemenge, das dann aber sehr schnell hart wird. Die Binder sind meist Epoxidharze oder Methacrylsäureester. Epoxidharze sind aus mehreren Gründen abzulehnen. Zum einen enthalten sie meist noch das krebserregende Epichlorhydrin. Zum anderen bewirken sie bei Hautkontakt leicht Verätzungen. Die Dämpfe reizen Augen und Atemwege. Auf Zweikomponentenkleber sollte deshalb weitgehend verzichtet werden.

Sekundenkleber: Diese enthalten meist auch Methylcyanacrylate, die ebenfalls im Verdacht stehen, krebserregend zu sein. Von Sekundenklebern wurde berichtet, daß bei unsauberem Arbeiten Finger und Augenlider zusammenklebten, die nur operativ wieder getrennt werden konnten.

Die Lösungsmittel aus Klebstoffen und Korrekturflüssigkeiten stellen sowohl eine Belastung der Umwelt als auch der Gesundheit des Anwenders dar. Man sollte deshalb soweit möglich auf solche lösungsmittelhaltigen Materialien verzichten. Kontakt- und Sekundenkleber sind für nichtindustrielle Anwendungen meist überflüssig. Werden erhöhte Anforderungen an Klebestellen gestellt, reicht oft auch ein Alleskleber. Dabei sollte beim Verarbeiten größerer Mengen auf gute Durchlüftung der Räumlichkeiten geachtet werden.

Fast alle Hersteller von Büro- und Schreibmaterialien haben neben den herkömmlichen auch umweltfreundliche Alternativprodukte in ihrem Sortiment. Bezugsquellen für solche Materialien sind neben spezialisierten Läden (Bio-Läden, Öko-Märkte) Versandgeschäfte wie »Memo«, Veitshöchheimer Str. 1a, 97080 Würzburg, »WUP«, Gaußstr. 19, 22765 Hamburg, »Venceremos«, Hauptstr. 44, 48739 Legden oder »Dreigiebelhaus Papierwerkstatt«, Ludwigsburger Str. 23, 71711 Steinheim. Das Alternative Branchenbuch enthält weitere Adressen (ALTOP, Grimmstr. 4, 80336 München).

Wasch- und Reinigungsmittel

Jedes Wasch- und Reinigungsmittel sollte als das betrachtet werden, was es für den Verbraucher im eigentlichen Sinne ist, nämlich eine Chemikalie unbekannter Zusammensetzung. Von den Herstellern werden meist nur Rahmenrezepturen mitgeteilt, keine vollständigen und genauen Inhaltsangaben. Ein vorsichtiger und schonender Umgang mit Wasch- und Reinigungsmittel aus Gründen des Umwelt- und des Arbeitsschutzes muß deshalb selbstverständlich sein. Das »umweltfreundliche« Produkt schlechthin gibt es nicht. Es besteht nur die Möglichkeit, die Umweltbelastung auf ein Minimum zu reduzieren. Um dies zu verwirklichen, sollte generell beim Einkauf von Wasch- und Reinigungsmitteln folgendes berücksichtigt werden:

Einsatz von Produkten mit bekannten Inhaltsstoffen: Die Produkte sollten keine der in Kapitel »Ökologische Bewertung der Inhaltsstoffe von Wasch- und Reinigungsmitteln« aufgeführten Inhaltsstoffe (siehe Seite 120) enthalten. Bei den Herstellern sollten folgende Informationen angefordert werden:

- DIN Sicherheitsdatenblatt
- Technisches Datenblatt
- Inhaltsstoffangabe nach WRMG § 9 oder Rahmenrezeptur
- Anwendungsbereich und Dosierung
- Daten über biologische Abbaubarkeit und aquatische Toxizität unter Angabe der Testmethoden

Produkte, für die vom Hersteller keine vollständigen Angaben gemacht werden, sollten nicht eingesetzt werden.

Vereinheitlichung der Produktpalette: Der Einsatz von Spezialmitteln sollte die Ausnahme sein. Die Produktpalette sollte auf das notwendige Maß beschränkt werden. Für die Unterhaltsreinigung ist je nach Fußbodenart ein Allzweckreiniger und/oder Alkoholreiniger sowie ein seifenhaltiges Wischpflegemittel ausreichend. In die Produktpalette sollten nur Mittel neu aufgenommen werden, wenn gleichzeitig andere herausgenommen werden. Im Universitätsklinikum Freiburg wurde beispielsweise die Anzahl der Reinigungsmittel von etwa 60 auf 20 reduziert. Die Vorteile dabei sind die bessere Überschaubarkeit und damit die bessere Überwachung der eingesetzten Produktpalette, die Verpackungsgrößen können erhöht werden, die Gefahr der falschen Anwendung wird reduziert und die Bestellung, die Lagerung und der innerbetriebliche Transport vereinfachen sich. Darüber hinaus ergeben sich durch höhere Absatzmengen einzelner Mittel ökonomische Vorteile.

Verwendung von abfallarmen Verpackungssystemen: Der Einsatz von abfallarmen Produkten schont die Umwelt und verringert darüber hinaus Transport- und Lagerkosten. Es sollten deshalb bevorzugt Produkte eingesetzt werden, die folgende Kriterien erfüllen:

Großgebinde: Mehrweg-Großcontainer mit einer Größe von bis zu 650 kg können in Wäschereien, in den Geschirrspülstraßen der Küchen, in den Bettenzentralen, Taktbanddekontaminationsanlagen und in den Containerwaschanlagen mit nachgeschalteten zentralen Entnahme- und Dosierungseinrichtungen eingesetzt werden.

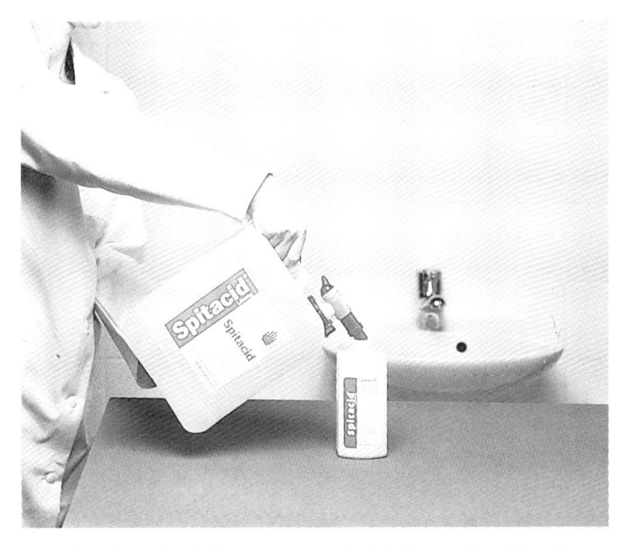

Abb. 6. Abfalleinsparung durch Wiederbefüllen von Desinfektionsmittelflaschen

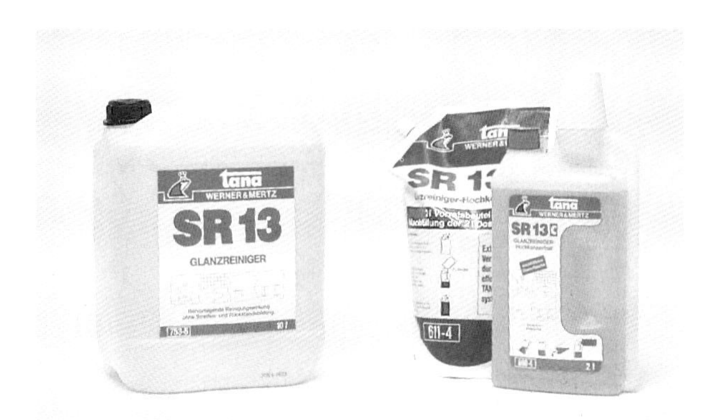

Abb. 7. Herkömmlicher Reiniger (links) versus Hochkonzentrat

Von den Reinigungsmittelherstellern werden 200 kg Gebinde für Zentrale Umfüllstationen angeboten. Seifen- und Desinfektionsmittelflaschen lassen sich aus 5 l Kanistern nachfüllen (Abb. 6).

Mehrwegverpackung: Großgebinde, aber auch kleinere Kanister werden von einigen Herstellern (z. B. Lever Sutter, Henkel, Tana, Dr. Trippen, Buzil) eingesammelt und wiederbefüllt bzw. die Materialien sortenrein recycelt.

Konzentrate: Herkömmliche Wasch- und Reinigungsmittel bestehen zu etwa 70 % aus Wasser bzw. Stellmitteln. Bei Konzentraten und Hochkonzentraten (z. B. Tawip HC, Zitrotan HC, Fornet HC der Firma Tana) ist der Wasser- bzw. Stellmittelanteil auf ca. 30 % bzw. 10 % gesunken. Dadurch lassen sich erhebliche Abfallmengen einsparen (Abb. 7).

Transportverpackung: Durch Verpackungsoptimierung (z. B. eckige anstatt runde Flaschen) wird weniger Luft verpackt, der Transportkarton wird kleiner oder die Anzahl der abgepackten Produkte größer. Die Verpackungseinheiten müssen nicht in Folie eingeschweißt werden.

Zentrale Umfüllstationen für Hausreinigungsmittel:
In den leeren Reinigungsmittelbehältnissen sind je nach Behältergröße und -art noch ca. 5–150 ml Restflüssigkeit enthalten. Diese Restflüssigkeiten und die zu entsorgenden Behältnisse führen zu einer erheblichen Umweltbelastung. Durch Einrichtung von zentralen Umfüllstationen lassen sich Reinigungsmittel einsparen und die Kanister deutlich reduzieren.

Baumaterialien

Die Gestaltung von Baukörpern hat einen großen Einfluß auf die Wirkung, die von ihnen auf die Menschen ausgeht, die sich in ihnen aufhalten und sie eventuell auch bewohnen.

Neben architektonischen Aspekten spielen dabei die eingesetzten Baumaterialien eine wesentliche Rolle.

Bei Neu- oder Umbauten von Kliniken und Praxen sollte auf jeden Fall von kompetenter Seite ein Energie- und falls erforderlich ein Klimatisierungskonzept erstellt werden. Für Planungen und Berechnungen eines Niedrigenergie-Hauses können Zuschüsse erhalten werden (bei den lokalen Bauämtern nachfragen), ebenfalls beim Einbau von (sehr wirkungsvollen und emissionsmindernden) Brennwertkesseln und Solaranlagen.

Der Verwendung umweltfreundlicher Materialien im Innenraumbereich kommt eine besondere Bedeutung zu, da Menschen den überwiegenden Teil ihres Lebens in Räumen verbringen. Als Richtschnur kann gelten, daß die natürlichen Werkstoffe Stein, Holz und mit Einschränkungen Glas den Kunststoffen vorgezogen werden sollen. Für den Bodenbelag bietet sich als Alternative zu PVC Linoleum an, als Wandfarben sind schadstoff- und emissionsfreie Produkte vorzuziehen. Im Handbuch »Umweltfreundliche Beschaffung« (s. Seite 35) sind ausführliche Hinweise zur Auswahl der Materialien unter ökologischen Gesichtspunkten zu finden.

Möglichkeiten und Grenzen von Produktlinienanalysen und Ökobilanzen im Gesundheitswesen

K. Kümmerer

Warum Ökobilanzen und Produktlinienanalysen?

Zumindest seit der ersten Ölkrise zu Beginn der siebziger Jahre spielen Rohstoff- und Energiefragen eine wichtige Rolle bei der Steigerung der Effizienz chemischer Umsetzungen zur Herstellung von Produkten. Daher wurden umfangreiche Anstrengungen zur Reduktion der Emission von Schadstoffen unternommen. Beide Maßnahmen haben dazu geführt, daß sich Mitte der achtziger Jahre ca. vier fünftel der eingesetzten Rohstoffe in den Produkten wiederfanden.

Die Produktion von Kunststoffen beispielsweise hat sich seit den fünfziger Jahren nahezu verdreißigfacht. Erst seit Ende der achtziger Jahre hat man gesehen, daß neben den produktionsbedingten Emissionen auch die Gewinnung der Rohstoffe, der Gebrauch der Produkte und ihr Verbleib unter Aspekten der Umweltschonung von Interesse sein muß.

Der Abfall aus Krankenhäusern hat nur scheinbar einen geringen Anteil (ca. 3%) am bundesdeutschen Hausmüllaufkommen (Abb. 1). Vergleicht man jedoch das Aufkommen pro Einwohner und Jahr mit dem Aufkommen pro Bett und Jahr, so sieht die Bilanz ganz anders aus: 300 bis 400 kg Abfall pro Einwohner und Jahr stehen 1200 bis 1400 kg Abfall pro Bett und Jahr gegenüber (Abb. 2). Da Einwegprodukte maßgeblich zum Abfallaufkommen beitragen, verwundert dies beim umfangreichen Einsatz von Einweg-

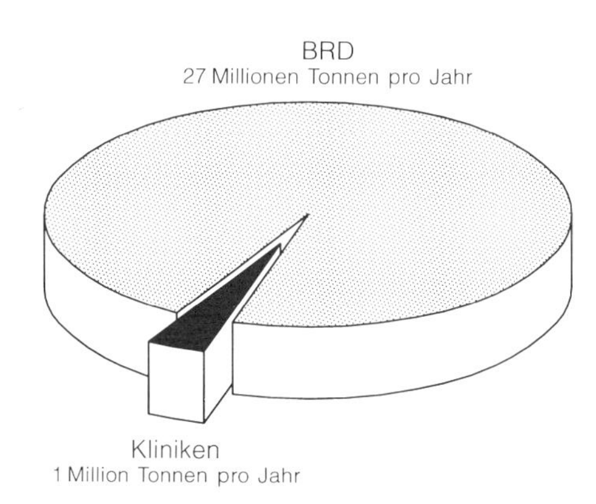

Abb. 1. Hausmüll in der BRD, Anteil des Klinikmülls

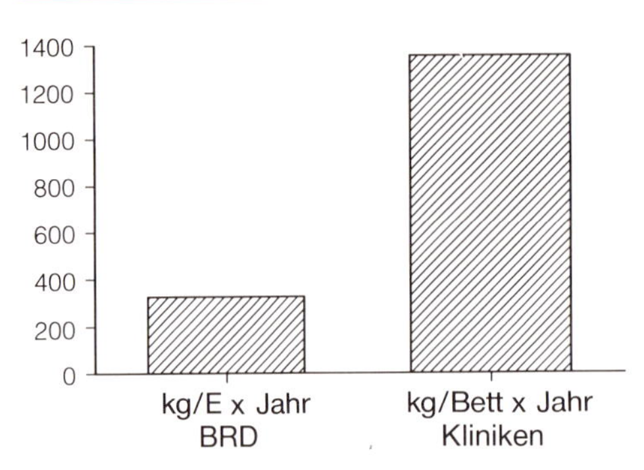

Abb. 2. Spezifisches Müllaufkommen in der BRD

materialien im Krankenhaus nicht. Allerdings ist keineswegs gesagt, daß beim Einsatz vergleichbarer Mehrwegprodukte, die zu einer Verminderung des Abfallaufkommens führen würden, nicht an anderer Stelle (z. B. erhöhtes Abwasseraufkommen, erhöhter Energieverbrauch durch Wiederaufbereitung) die Umwelt mehr belastet wird. Wird beispielsweise der Anbau und die Verarbeitung von Baumwolle einer genauen Analyse unterzogen, führt dies sehr schnell zu der Frage, wie umweltfreundlich Baumwolle, ein natürliches Material, wirklich ist (Tabelle 1).

»Ökobilanzen« bzw. »Produktlinienanalysen« bieten z. B. für die Beschaffungsabteilung von Kliniken eine Möglichkeit, Produkte nicht nur unter ökonomischen, sondern auch unter ökologischen Gesichtspunkten zu vergleichen, da nicht nur ausschnittsweise einzelne mit dem Produkt verbundene Umweltauswirkungen wie beispielsweise die Wasserbelastung bei einem bestimmten Produktionsschritt analysiert werden, sondern versucht wird, möglichst alle mit einem Produkt verbundenen Auswirkungen auf Mensch und Umwelt zu erfassen. Werden nämlich wirklich alle Aspekte der

Tabelle 1. Baumwolle – ein »natürliches« Material?
Pro-Kopf-Verbrauch in Deutschland: ca. 10 kg/Jahr
Umweltbelastung durch einen Baumwollpullover (Gewicht ca. 500 g)

Anbau		Verarbeitung	
Flächenbedarf:	6 qm		
Wasserbedarf:	5000 l	Abwasser:	100 Liter
Düngemittel:	184 g	AOX:	2,5–175 mg
Pestizide (insges. 25):	7 g	Freies Chlor:	5–125 mg
Energiebedarf (Düngung, Transport, Entkörnung usw.):	entspricht 150 ml Dieselöl	Chloroform: Blei:	1,5–20 000 µg 0,25–3,5 mg

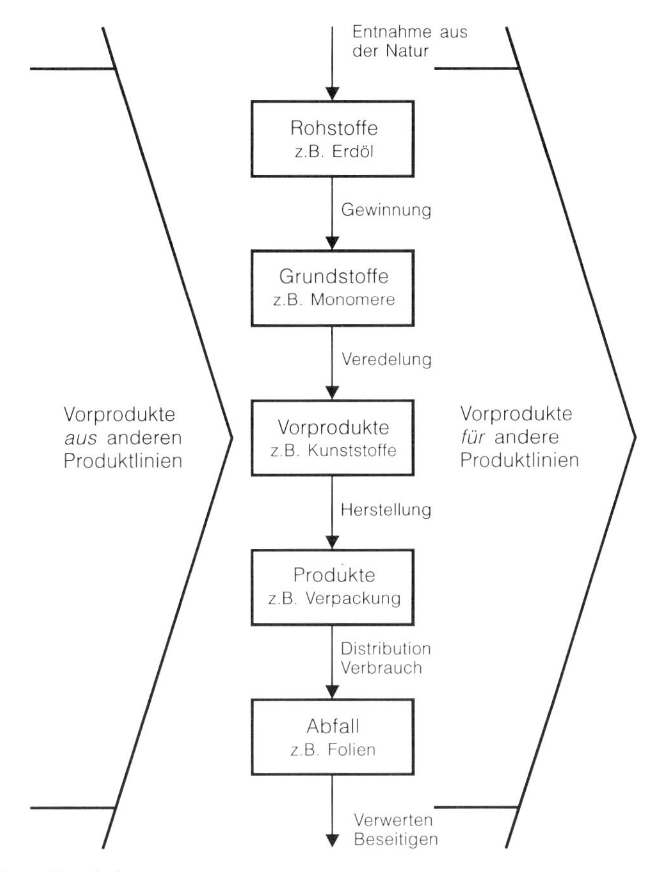

Abb. 3. Lebensweg eines Produktes

Umweltbelastung entlang des Lebensweges eines Produktes, von der Wiege bis zur Bahre, betrachtet (Abb. 3), ist meistens wie z. B. bei Bauchtüchern, OP-Abdeckmaterial oder Medikalprodukten nicht von vornherein eindeutig zu entscheiden, ob bei gleichem hygienischen Standard die Einweg- oder die Mehrwegvariante besser ist.

Bei vielen Produkten (z. B. Einwegspritzen, Infusionsbestecken, Magensonden) kommt eine Wiederaufbereitung allein schon aus hygienischen oder ästhetischen Gründen nicht in Frage. Bei anderen Produkten ist die Entscheidung auch ohne aufwendige Produktlinienanalyse relativ einfach. Einwegnierenschalen aus Recyclingpapier sind unter dem Gesichtspunkt der Umweltschonung Mehrwegnierenschalen aus Stahl, die immer unter hohem Wasserverbrauch wieder aufbereitet werden, vorzuziehen. Die Entscheidung, ob Einweg- oder Mehrwegbauchtücher verwendet werden sollen, ist ohne Produktlinienanalyse nicht zu treffen, da beispielsweise die Umweltbelastung bei Baumwollbauchtüchern vor allem aus dem Anbau und nicht aus dem Waschen resultiert.

Ökobilanzen beschränken sich auf die Analyse aller Umweltbelastungen, die mit der Herstellung, dem Gebrauch und der Beseitigung von Produkten verbunden sind. Bei Produktlinienanalysen kommen ökonomische (z.B. Kosten) und soziale Faktoren (beispielsweise das Heben schwerer Lasten durch Personal, Schadstoffbelastung am Arbeitsplatz, Erhalt des medizinischen Standards) hinzu. Produktlinienanalysen sind aufwendiger, dafür aber auch wesentlich aussagekräftiger als Ökobilanzen. Je nach Untersuchungsgegenstand und Ausgangsfragestellung können Ökobilanzen für Produkte aber auch für Dienstleistungen (z.B. maschinelle versus manuelle Instrumentendesinfektion), Unternehmen, Krankenhäuser oder sogar ganze Volkswirtschaften erstellt werden. Sowohl Produktökobilanzen als auch Ökobilanzen für Unternehmen werden häufig einfach als Ökobilanz bezeichnet.

Die Vorgehensweise

Da Ökobilanzen und Produktlinienanalysen neue Instrumente des Umweltschutzes sind, ist ihre Methodik noch nicht vollständig oder gar endgültig entwickelt. Die bisher allgemein anerkannten methodischen Hauptschritte von Ökobilanzen und Produktlinienanalysen sind folgende (Tabelle 2):

Zunächst wird der Gesamtrahmen (Scoping) der Untersuchung festgelegt. Im Scoping wird zunächst gemeinsam von Auftraggeber und Bearbeiter und unter Berücksichtigung der Interessen aller Beteiligten das Planungsinteresse offengelegt und darauf aufbauend das Planungsziel ganz genau definiert.

Dann erfolgt die genaue Beschreibung des Gesamtrahmens und die Aufstellung der Kriterien, nach denen vergleichend untersucht werden soll. Bei der vergleichenden Untersuchung von Einweg- versus Mehrwegbauchtüchern können beispielsweise folgende Kriterien festgelegt werden: Wasserverbrauch entlang des Lebensweges der Produkte vom Anbau der Baumwolle, Gewinnung von Erdöl für Kunstfasern, Umweltbelastung durch das Waschen von Mehrwegbauchtüchern bis hin zur Sickerwasserbelastung bei der Deponierung der Einweg- und Mehrwegvariante.

Im Scoping wird auch die Systemanalyse durchgeführt. In ihr wird das Umfeld der Anwendung der Produkte geklärt und beschrieben: Soll beispielsweise eine Produktlinienanalyse für Waschmittel durchgeführt wer-

Tabelle 2. Ökobilanz und Produktlinienanalyse

Methodische Schritte
• Definition von Planungsziel und -interesse (»Scoping«) • Sachbilanz (Bilanz der Stoff- und Energieströme) • Wirkungsbilanz (Wirkungsanalyse) • Bilanzbewertung • Handlungsempfehlung (Optimierung)

den, so zeigt die Systemanalyse, daß neben dem Waschmittel selbst weitere Faktoren das Ergebnis der Untersuchung mit bestimmen wie z. B. Art und Menge der zu waschenden Textilien. Neben Waschmittel, Waschmaschine und Waschgut haben aber auch Wasch- und Nutzungsgewohnheiten (z. B. Waschhäufigkeit und Nutzungsdauer bzw. Verschmutzungsart und -grad der Textilien) entscheidenden Einfluß auf das Ergebnis. Schließlich können auch ästhetische Kriterien von Bedeutung sein, z. B. Duft, Erhalt der Farbe, erwünschter Weißgrad, Weichheit, etc.

Ein wesentliches Element des Scoping ist die Festlegung des Zeitraums, auf den sich die Ökobilanz oder Produktlinienanalyse bzw. ihre Ergebnisse beziehen. Wird beispielsweise beim Vergleich von Einweg-OP-Abdeckmaterial mit dem entsprechenden Mehrwegprodukt eine Bilanzzeit von einem Monat festgelegt, so werden die Ersatzbeschaffung beim Mehrwegsystem und die Entsorgung des Einwegmaterials nur eine untergeordnete Rolle spielen. Bei einer Bilanzzeit von einem Jahr müssen jedoch Ersatzbeschaffung und Entsorgung berücksichtigt werden. Die Art der Entsorgung (Verbrennung, Deponie, Kompostieren) wird dabei nur eine untergeordnete Rolle spielen. Nähme man aber eine Bilanzzeit in der Größenordnung von mehreren Jahren z. B. für den Gebrauch von Bauchtüchern oder Instrumenten an, die wiederaufbereitet werden können, wird die Art der Entsorgung (mögliche Anreicherung von Schadstoffen in der Umwelt, zur Verfügung stehender Deponieraum etc.) wegen der großen Zahl der in diesem Zeitraum neu zu beschaffenden Einweg- bzw. auszumusternden Mehrwegprodukte einen großen Einfluß auf das Ergebnis einer Ökobilanz oder Produktlinienanalyse haben.

Nach der genauen Darstellung des Gesamtrahmens werden alle notwendigen Daten zu Energieverbrauch und Emissionen (Schadstoffe, Lärm), die durch das Produkt verursacht werden, in der Sachbilanz erhoben. Sie sind auf ihre Aussagekraft (z. B. Genauigkeit, Vollständigkeit) zu prüfen. In der sich anschließenden Wirkungsbilanz werden die Auswirkungen der Emissionen auf die belebte und unbelebte Natur beschrieben. Diese Auswirkungen werden dann in einem separaten Schritt bewertet. Aufbauend auf den Ergebnissen von Ökobilanzen und Produktlinienanalysen läßt sich vor allem auch feststellen, an welchen Stellen Produkte oder Dienstleistungen verbessert werden können (Produktoptimierung, Handlungsempfehlung).

Ökobilanzen und Produktlinienanalysen im Gesundheitswesen

Eine Medizin, insbesondere die Umweltmedizin, die das Gebot des vorsorgenden Gesundheitsschutzes und damit sich selbst ernst nehmen will, kann nicht nur die Frage nach den Auswirkungen der Umwelt(verschmutzung) auf den Menschen stellen, sondern muß sich umgekehrt auch die Frage stellen, welche Auswirkungen die Medizin auf die Umwelt hat. Insbesondere für die zweite Frage werden Ökobilanzen und Produktlinienanalysen künftig im Gesundheitswesen an Bedeutung gewinnen.

Für medizinische Produkte sind einige besondere Randbedingungen zu beachten. Der behandelnde Arzt trägt letztlich die Verantwortung dafür, daß der Patient fachgerecht behandelt wird. Er wird in der Regel Gesichtspunkte des Umweltschutzes hinter medizinische Erfordernisse stellen. Unbestritten ist, daß der hygienische Standard gewahrt bleiben muß, wenn ein (Medikal)produkt im medizinischen Bereich gegen eines, das die Umwelt weniger belastet, ersetzt werden soll. So verbietet sich derzeit eine Wiederaufbereitung von Einmalspritzen allein schon aus hygienischen Gründen. Darüber hinaus müssen gesetzliche Rahmenbedingungen wie z. B. das Arzneimittelgesetz eingehalten werden.

Durch diese speziellen Anforderungen im Gesundheitswesen kann die Beschaffung von Produkten nicht ausschließlich unter ökonomischen und ökologischen Gesichtspunkten erfolgen. So kann es durchaus sein, daß ein Ersatzprodukt A einem Produkt B unter ökologischen oder ökonomischen Gesichtspunkten vorzuziehen wäre, Produkt A aber nicht genauso sicher zu handhaben ist oder nicht die durch Produkt B garantierte therapeutische Breite oder Wirksamkeit aufweist. Dann verbietet sich die Beschaffung von Produkt A natürlich. Auch ist im medizinischen Bereich mehr als in anderen Bereichen darauf zu achten, daß die Erfahrungen und Kenntnisse der Anwender der zu untersuchenden Produkte bei der Beschreibung des Gesamtrahmens und des Nutzens berücksichtigt werden.

Wie man bei Ökobilanzen und Produktlinienanalysen in der Medizin vorgeht, ist anhand des Beispiels Einweg- vs. Mehrwegbauchtücher in Tabelle 3 zusammengestellt.

Tabelle 3. Vorgehen bei einer Produktlinienanalyse in der Medizin, dargestellt am Beispiel Einweg- versus Mehrwegbauchtücher

Scoping:	Werden Ergebnisse speziell für eine Klinik erarbeitet oder soll es sich eher um eine möglichst allgemeingültige Untersuchung handeln? Welches Ergebnis ist ein Wunschergebnis für den Auftraggeber, welches für den Bearbeiter/Anwender? Welche Materialien (Baumwolle, Kunstfasern) sind zu betrachten, wo kommen die Rohstoffe dafür her, (z. B. Baumwolle aus Israel oder aus der Türkei; beide Länder unterscheiden sich stark im Wasserverbrauch beim Baumwollanbau)? Wie wird die Energie zur Verfügung gestellt, Atomkraftwerk oder Wasserkraftwerk, Grundlast oder Spitzenlast? Wie wird gewaschen (Temperaturen, Haltezeiten, Waschmittel, Maschinen)? Ist für einen Monat oder für ein Jahr zu bilanzieren? Hält ein Mehrweg-Bauchtuch 10mal Waschen aus oder 50mal? Spielt das Gewicht der Tücher bei der Anwendung eine Rolle? Wie sind die hygienischen Anforderungen? Werden die Bauchtücher nach Gebrauch verbrannt oder deponiert? Wie lange dauert es noch, bis die Deponie voll ist? Was dann?

Tabelle 3. (Fortsetzung)

Sachbilanz:	Welche Energiemenge und Art wird für welchen Produktionsschritt (z.B. Entkernung der Baumwolle, Förderung des Rohöls) benötigt? Welche Rohstoffe und Vorprodukte werden an welcher Stelle der Produktion und des Gebrauchs benötigt, welche Hilfsstoffe werden beispielsweise beim Waschen benötigt, wie werden sie hergestellt?
Wirkungsbilanz:	Welche Emissionen in Luft (z.B. Stickoxide, Lösemittel), ins Wasser (z.B. Pestizide, Schwermetalle, Tenside, Phosphat) oder in den Boden sind bei der Herstellung, dem Gebrauch, der Wiederaufbereitung und der Beseitigung des Abfalls zu berücksichtigen? Welche Wirkung haben die Schadstoffe auf welche Organismen? Akute oder chronische Wirkung?
Bewertung:	Wie werden die Auswirkungen der Emissionen bewertet? Ist eine Kohlendioxidemission, die zum globalen Treibhauseffekt beiträgt, schlimmer als eine Verschmutzung von Klärschlamm mit schwer abbaubaren Tensiden oder gar nicht abbaubaren Schwermetallen?
Handlungsempfehlung, Optimierung:	Werden die Umweltauswirkungen, die mit der Verwendung des Mehrwegproduktes einhergehen, geringer pro Anwendung, wenn ein anderes Waschmittel zum Waschen verwendet wird? Wo treten dann welche Art von Emissionen auf? Oder wird die Belastung des Abwassers durch das Waschen zwar verringert, aber die Inhaltsstoffe sind schwerer abbaubar oder die Umweltbelastungen durch die Herstellung des neuen Waschmittels sind größer als beim alten? Sind mit dem neuen Waschmittel die hygienischen Anforderungen noch erfüllbar? Wenn ja, wie müßte dieses Waschmittel aussehen? Können Einweg- und Mehrwegvariante umweltschonender produziert werden, indem bei Wahrung der Anwendungseigenschaften anderes Material benutzt wird?

Was zeichnet gute Ökobilanzen und Produktlinienanalysen aus?

Voraussetzung jeder guten Ökobilanz und Produktlinienanalyse ist, daß sie transparent, d.h. auch für einen Laien nachvollziehbar sind. Je komplizierter und undurchsichtiger die Zusammenhänge in einer Produktlinienanalyse dargestellt werden, um so mehr besteht der Verdacht, daß sich der Verfasser selbst nicht so richtig auskennt oder gar negative Umweltauswirkungen verschleiern will. Die häufigsten Fehler bei Ökobilanzen oder Produktlinienanalysen sind in Tabelle 4 zusammengestellt.

Wenn Hersteller ihre eigenen Ökobilanzen veröffentlichen, ist größte Vorsicht geboten, denn auffallenderweise führen sie alle zu einem positiven

Tabelle 4. Häufige Fehler bei Produktlinienanalysen und Ökobilanzen

Planungsziel und Planungsinteresse werden nicht genannt.	Bei kommerziellen Auftraggebern wird häufig nicht klar dargelegt, ob ein eigenes Produkt mit einem Konkurrenzprodukt verglichen werden soll (Marktausrichtung) oder ob zwei eigene Produkte miteinander verglichen werden (Forschung und Entwicklung). Dies muß im Vorgespräch zwischen Auftraggeber und Bearbeiter der Ökobilanz bzw. Produktlinienanalyse geklärt werden.
Die Nutzeinheit ist nicht (exakt) definiert.	Werden Windeln für Kleinkinder verglichen, so könnte als Nutzeinheit die einzelne Windel gewählt werden. Dabei bliebe jedoch unberücksichtigt, daß die Mehrweg-Baumwollwindel häufiger pro Tag gewechselt werden muß, weil sie nicht so saugfähig ist wie die Einweg-Zellstoff-Kunststoffwindel.
Die Systemgrenzen sind nicht (exakt) festgelegt.	Werden Textilien gewaschen, so ist für die damit verknüpften Umweltauswirkungen nicht nur der Waschprozeß selbst von Bedeutung (z.B. Wasserverbrauch der Maschine), sondern auch die Waschhäufigkeit und die Art der Wäsche (Buntwäsche, Kochwäsche).
Die Bilanzzeit ist nicht definiert.	Bei der Verwendung von Einwegwindeln braucht das Kleinkind aufgrund der unterschiedlichen Saugfähigkeit von Einweg- und Mehrwegwindeln länger bis es trocken ist als bei der Mehrwegwindel. Die Bilanzzeit bei einem fairen Vergleich kann deshalb für beide Varianten nicht gleich sein, sondern muß unterschiedlich sein: Bilanzzeit ist die Zeit, die das Kind braucht, um trocken zu werden. Das Ergebnis von Ökobilanzen auf der Abfallseite sieht anders aus, wenn Deponierung und Verbrennung auf der Basis von einem Jahr, Jahrzehnten oder Jahrhunderten verglichen werden: Bei einem Jahr Bilanzzeit wird der Unterschied nur gering sein. Ist der Deponieraum knapp, wird sich bei einer Bilanzzeit das Ergebnis zu Gunsten der Verbrennung ändern. Werden mehrere Jahrzehnte oder gar Jahrhunderte betrachtet, spielt die mögliche Freisetzung von Schadstoffen aus den Verbrennungsrückständen eine wichtige Rolle für das Ergebnis; dann kann die Deponierung wieder Vorteile aufweisen.
Teilbilanzen fehlen	Die Gewinnung der Rohstoffe und die Herstellung der für das Produkt (Herstellung, Anwendung) benötigten Hilfsstoffe wurden nicht bilanziert oder die Entsorgung wurde nicht berücksichtigt.

Tabelle 4. (Fortsetzung)

Daten und ihre Bewertung sind nicht transparent	Häufig sind Quellen von Daten nicht genannt (Hersteller, Literatur) und wird nicht dargelegt, auf welche Rahmenbedingungen sich die verwendeten Daten beziehen (z.B. Wasserverbrauch beim Baumwollanbau als weltweite Durchschnittszahl oder nur für ein Land oder gar nur für eine Region geltend). Formulierungen wie »Kohlendioxidemissionen sind, da sie globale Wirkungen haben, negativer zu gewichten als die Emissionen von Schwermetallen ins Abwasser« sind zu ungenau. Vielmehr ist darzustellen, warum im betrachteten Fall (Bedingungen vor Ort) lokale Emissionen ins Abwasser nicht so negativ bewertet werden müssen wie lokale aber global wirkende Kohlendioxidemissionen und welches Schwermetall in welcher Konzentration im Abwasser (oder im Klärschlamm) zum Vergleich herangezogen wird.

Ergebnis. Ökobilanzen und Produktlinienanalysen müssen von wissenschaftlich neutralen und unabhängigen Instituten durchgeführt werden, als Werbeargumente eignen sie sich sicher nicht. Das Ergebnis einer Ökobilanz oder Produktlinienanalyse darf nicht lauten: »Produkt A ist ökologisch besser als Produkt B«, sondern »unter folgenden Fragestellungen und Rahmenbedingungen ist Produkt A günstiger einzuschätzen als Produkt B«.

Die Ergebnisse von Ökobilanzen und Produktlinienanalysen hängen entscheidend von den Ausgangsfragestellungen ab. Je nachdem, ob Warmwasser beispielsweise zentral oder dezentral bereitgestellt wird oder Abfall deponiert oder verbrannt wird, werden diese Randbedingungen zu unterschiedlichen Ergebnissen der Analyse führen. Insbesondere liefern Ökobilanzen oder Produktlinienanalysen keine absoluten Ergebnisse, sondern nur relative, da sie nur vergleichend durchgeführt werden können. Da Ökobilanzen und Produktlinienanalysen sehr zeit- und kostenintensiv sind, sollten sie nicht für jedes unbedeutende Produkt durchgeführt werden, sondern vor allem für Produkte, die wegen ihrer Verbrauchsmengen und Lebensdauer oder Inhaltsstoffe als besonders umweltrelevant einzuschätzen sind wie z.B. Wasch- und Reinigungsmittel oder Kunststoffprodukte etc. Als Werbeargumente sollten die Ergebnisse von Ökobilanzen und Produktlinienanalysen nicht mißbraucht werden.

Abfallvermeidung in der Küche

T. Hartlieb

Ein beachtlicher Teil des im Krankenhaus anfallenden Abfalls stammt aus dem Küchenbereich. Für die Verpflegung von Patienten, Mitarbeitern und Gästen werden in der Küche große Mengen an Lebensmitteln benötigt. Beim Verbrauch der Lebensmittel fallen neben Obst- und Gemüseresten Berge von Verpackungen an.

Durch die Beschaffung der Lebensmittel unter ökologischen Gesichtspunkten können schon im Vorfeld Abfälle vermieden werden. So sollten bereits beim Einkauf der Waren Vereinbarungen über die mehrfache Verwendung bzw. die Rücknahme von Verpackungen getroffen werden. Recycling sollte nur dort akzeptiert werden, wo Vermeidung nicht bzw. zum gegenwärtigen Zeitpunkt noch nicht möglich ist. Ein genauer Vergleich von Produkten hinsichtlich der Verpackung ist empfehlenswert. Vielfach werden gleiche Produkte mit unterschiedlichem Verpackungsaufwand (Gewicht, Volumen) angeboten. Auch aus hygienischen Gründen ist der Verpackungsaufwand in den meisten Fällen nicht notwendig. Durch eine gezielte Auswahl bestimmter Produkte läßt sich Verpackungsmaterial einsparen und die Abfallmenge beträchtlich reduzieren.

Auf jeden Fall aber sollte eine Verpackung bevorzugt werden, die wiederbefüllbar (Mehrwegverpackungen), zumindest aber gut stofflich verwertbar (Glas, Papier, Pappe etc.) ist.

Um die Sammlung und Verwertung von Verpackungsmaterialien zu erleichtern, sollte auf sogenannte »Monostoffverpackungen« z. B. aus Karton oder Glas zurückgegriffen und wegen den derzeit noch fehlenden Möglichkeiten der Verwertung, auf Kunststoffverpackungen weitestgehend verzichtet werden. Der Einsatz von Verbundwerkstoffen, zumeist bestehend aus Papier, Aluminium und Kunststoff ist unerwünscht.

Unter den vermeidbaren Verpackungsmaterialien stehen die Portionsverpackungen an erster Stelle. In vielen Kliniken werden in hoher Stückzahl und mit einer aufwendigen Verpackung fertig abgepackte Waren, wie z. B. Kondensmilch, Konfitüre, Käse, Wurst und Dessert verwendet. Als Alternative bietet sich die Portionierung aus großen Gebinden in Verbindung mit einer generellen Umstellung der Produkte auf Großgebinde möglichst in Mehrwegbehältern an.

Voraussetzung für eine solche Maßnahme ist die Anschaffung einer Portioniermaschine (Abb. 1) und von Aufschnittmaschinen. Technisch gelöst ist die Verarbeitung von Butter, Marmeladen, Quarkspeisen, Kondensmilch,

Abb. 1. Beispiel einer Portioniermaschine

Pudding, Creme, Joghurt, Wurst und Käse. Dies wird schon in verschiedenen Krankenhäusern praktiziert.

Organisatorisch wirkt sich diese Maßnahme auf die Beschaffung der Lebensmittel in Großgebinden allerdings auch auf den Ablauf in der Küche aus, wo zusätzliche Vor- und Nachbereitungsarbeiten durch Speisenportionierung, Gerätereinigung und Geschirrspülen anfallen, die Personal- und Maschinenbedarf hervorrufen. Als Zubehör für die Portioniermaschine sind natürlich auch zusätzliche Portionierschalen erforderlich. Auch in der Küche zeigt sich, daß Umweltschutz zum Nulltarif nicht möglich ist. Inwieweit die geringeren Beschaffungskosten für Lebensmittel in Großgebinden und die geringeren Entsorgungskosten durch die Vermeidung zahlloser Portionsverpackungen längerfristig die erhöhten Ausgaben für zusätzliches Personal, eine Portioniermaschine und Portionsschalen aufwiegen, muß jede Küche für sich berechnen. Ökologisch betrachtet wird die Vermeidung von Verpackungen durch einen zusätzlichen Verbrauch von Wasser, Reinigungsmitteln und Energie erkauft.

Maßnahmen zur Abfallvermeidung in der Küche sind in Tabelle 1 zusammengefaßt, praktische Beispiele dazu in Tabelle 2.

Tabelle 1. Die wichtigsten Maßnahmen zur Abfallvermeidung in der Küche

- Verringerung des Anteils an Lebensmittelkonserven und Tiefkühlprodukten
  - Einkauf von Frischware
- Verzicht auf Portionsverpackungen
  - Verwendung von Mehrweg- und Großgebinden (z. B. Milch, Joghurt und Marmelade in 10 kg Eimer)
  - selbst portionieren und offen in Mehrwegschälchen reichen
  - Desserts selbst herstellen (z. B. Apfeltasche, Pudding, Quarkspeisen)
  - vermehrt Früchte der Saison anbieten
- Verzicht auf Getränke in Dosen und Einmalflaschen
  - Verwendung von Pfandflaschen aus Glas
- Verzicht auf Einmalgeschirr
- Verwertung der autoklavierten Speiseabfälle durch Verfütterung
- Kompostierung der Küchenabfälle (z. B. Obst- und Gemüsereste, Kaffee, Tee)

Tabelle 2. Maßnahmen zur Abfallvermeidung in den Küchen des Universitätsklinikums Freiburg

Früher	Jetzt	Auswirkungen und Probleme
Wurst in Portionspackungen	Frischer Aufschnitt	Vermeidung von 130 000 Aluminiumschälchen pro Jahr, Abfalleinsparung ca. 450 kg
Käse in Portionspackungen	Frischer Aufschnitt	Insges. teurer als portionierter Käse, zusätzliches Personal war für die Wurst- und Käseportionierung erforderlich
Folie um den Frühstücksteller	Frühstück wird ohne Folie (im geschlossenen Transportwagen) auf Station geliefert	
Kräuterquark in Portionspackung	Wird frisch in Mehrwegschälchen zubereitet	Einsparung von ca. 42 000 Plastikbechern pro Jahr, Abfalleinsparung 0,5 t
Plastikschälchen für Zwischenmahlzeiten	Porzellanschälchen oder kleine Schälchen (z. B. für Obst)	
Dosenware	Soweit wie möglich auf Frisch- oder Tiefkühlware umgestellt, Anteil liegt bei ca. 80 %	Weniger Schnittverletzungen und Arbeitsausfälle, bessere Qualität, rationelleres Kochen möglich, Nachteil: teurer
Getränkedosen	Mehrwegflaschen	

Tabelle 2. (Fortsetzung)

Früher	Jetzt	Auswirkungen und Probleme
Joghurt-Portionspackung	Lieferung im 10-l-Mehrwegeimer, eigene Zubereitung	Zu geringe Spülkapazitäten, eigene Herstellung nur 2mal pro Woche mögl., trotzdem Vermeidung von über 83 000 Plastikbechern pro Jahr, Abfalleinsparung ca. 1 t
Verbrauchsmilch in 1-l-Tetraverpakkung	20-l-Beutel in Mehrwegkiste	Beutel und Transportkiste werden vom Lieferanten zurückgenommen
Abgepackter Kuchen und Gebäck	Kuchen wird selbst gebacken	Ein neuer Backofen mußte angeschafft werden
Verpacktes Brot	Frisches Brot wird selbst geschnitten	
Gemüsekonserven	Soweit wie möglich frische Zubereitung von Rohkostsalat	Weniger Dosen, weniger Arbeitsausfälle, aber zusätzliches Personal erforderlich

Sonstiges:
- Speiseöl wird in Großgebinden (250-l-Leihfaß) geliefert, verbrauchtes Speiseöl wird in leeren Reinigungsmittelkanistern an den Hersteller zurückgegeben
- Essigkanister werden dem Lieferanten zurückgegeben
- Reinigungsmittel werden in Großgebinden geliefert – Abfalleinsparung ca. 1,3 t pro Jahr
- Einweggeschirr wird nicht mehr verwendet, auch nicht für Patienten mit meldepflichtigen Infektionen, 6 t Abfalleinsparung pro Jahr
- Umstellung der Spülstraßen von chemothermischer auf thermische Desinfektion (Reduktion der Abwasserbelastung mit Chlor)

Abfallvermeidung in der Pflege

G. Salrein

Einer der Schwerpunkte des Umweltschutzes sowohl im privaten Haushalt als auch im Krankenhaus ist die getrennte Sammlung von Abfällen. Die Unterteilung in recyclingfähige Stoffe und nicht verwertbare Abfälle wird vornehmlich von seiten der Industrie und der Entsorger propagiert. Der einzig richtige Weg, auch in der Krankenpflege, kann aber nur die *Abfallvermeidung* sein, d.h. möglichst viele wiederverwendbare Materialien zu gebrauchen. In den meisten Krankenhäusern hat sich noch immer keine Einkaufskommission etabliert, deren wichtigste Aufgabe die Beschaffung möglichst umweltfreundlicher Artikel ist. Die Bestellungen werden häufig von der Pflegedienstleitung nach mehr oder weniger unbeschränktem Bedarf der Station getätigt. So gibt es nach wie vor eine Vielzahl von Einwegprodukten, die weder aus hygienischer noch aus ökologischer Sicht gerechtfertigt sind (Tabelle 1). Ein ganz besonders wichtiger Schwerpunkt des Umweltschutzes im Krankenhaus sind umweltbelastende Pflegemaßnahmen, die teilweise unkritisch und unnötig durchgeführt werden. Im folgenden werden zu den eben angeführten Aspekten einige Beispiele beschrieben.

Tabelle 1. Beispiele der Reduktion von Einwegprodukten im Universitätsklinikum Freiburg

	Verbrauch im Zeitraum: Januar–August 1992	Verbrauch im Zeitraum: Januar–August 1993	Reduktion
Dekubitusunterlagen	10,6 Kartons	5 Kartons	= 53,0 %
Einmalmedizinbecher	16 240 Stück	14 760 Stück	= 9,1 %
Einmalnierenschalen	116 833 Stück	91 250 Stück	= 21,9 %
Einmalslip (Damen)	9 053 Stück	6 070 Stück	= 32,9 %
Einmalwaschlappen	82 400 Stück	66 000 Stück	= 19,9 %
Einmalmundpflegebecher	2 733 Stück	450 Stück	= 83,5 %

Betten – Bettenaufbereitung – Wäschewechsel

Es ist selbstverständlich, daß jeder Patient bei Aufnahme ins Krankenhaus ein frisches, gereinigtes Bett erhält. Um Energie, Wasser und Reinigungsmittel zu sparen, sollen Betten manuell und nicht wie so häufig in automatischen Reinigungsanlagen aufbereitet werden. Krankenhausbetten sind im allgemeinen nicht mit pathogenen Erregern besiedelt, so daß in den meisten Fällen eine Reinigung mit einem Allzweckreiniger ausreicht. Die Ausnahmen, bei denen eine Desinfektion notwendig wird, sind: Intensiv-, Dialyse-, Infektionsbetten, sowie Betten, die mit Blut, Urin, Sekreten oder Stuhl kontaminiert sind. Des weiteren sollten Betten, die mit immunsupprimierten Patienten belegt werden, ebenfalls desinfiziert werden. Auch für diese Betten ist aber eine manuelle Desinfektion ausreichend. Die Forderung, Matratzen im VDV-Verfahren wiederaufzubereiten, kann durch die Verwendung von Matratzenschonbezügen nicht mehr erhoben werden. Diese Schonbezüge sind feuchtigkeitsundurchlässig, waschbar und schützen somit die Matratze vor einer Kontamination durch Sekrete wie z.B. Blut, Urin, Stuhl etc. So läßt sich bei der Bettenaufbereitung schon ein wesentlicher Umweltschutzbeitrag leisten. Eine weitere Möglichkeit besteht in der Reduktion der Bettwäsche. Für jedes Krankenhaus sollte ein Standardbett, auf dem nur die wesentlichsten Wäschestücke vorhanden sind, kreiiert werden. Ein Oberleintuch und eine Frotteedecke wird heutzutage von den wenigsten Patienten gefordert. Jahreszeitlich abhängig kann z.B. auch die Einziehdecke im Sommer seltener notwendig sein und im Winter ggf. wieder auf die Betten gelegt werden. Das klassische Stecklaken schützt bei einer normalen Belegung das Unterleintuch vor Verschmutzung. Bei inkontinenten Patienten kann auf eine waschbare Inkontinenzunterlage zurückgegriffen werden. Hierbei wird das Stecklaken aber überflüssig und sollte aus dem Bett entfernt werden. Die Wäscheeinsparung durch die Festlegung eines Standardbettes wurde 1992 für zwei Stationen der Gynäkologischen Universitätsklinik Freiburg berechnet und ist in der Tabelle 2 aufgeführt.

Nicht jeder Patient, der zu einer Operation gebracht wird, braucht nach dem Eingriff auch ein frisch bezogenes und aufbereitetes Bett. Nur wenn die Bettwäsche oder das Bettgestell verschmutzt sind, muß das Bett gereinigt und mit neuer Wäsche ausgestattet werden.

Die Wahrscheinlichkeit, daß Krankenhausinfektionen durch Bettwäsche, das Bettgestell oder die Matratze übertragen werden, ist so verschwindend gering, daß man auf deren routinemäßige Desinfektion in den allermeisten Fällen verzichten kann.

Infusionssystem- und Verbandswechsel

Obwohl von der Industrie PVC-freie Infusionssysteme angeboten werden, setzen sich diese Systeme nur schwer im Krankenhaus durch (siehe Abb. 1). Der Hauptgrund liegt darin, daß die PVC-freien Systeme leider noch etwas

Tabelle 2. Wäschereduktion von 2 Stationen der Universitätsfrauenklinik Freiburg (1992)

5057 Patientenaufnahmen/Jahr
9,4 Tage durchschnittliche Verweildauer
2 × durchschnittlicher Wäschewechsel 1 × bei Aufnahme,
1 × Wechsel zwischendurch

Wäscheverbrauch früher		Wäscheverbrauch jetzt	
Bettuch	700 g	Bettuch	700 g
Stecklaken	520 g	(Stecklaken	520 g)
Inkontinenzunterlage	600 g	Inkontinenzunterlage	600 g
Bettdeckenbezug	1000 g	Bettdeckenbezug	1000 g
Kopfkissenbezug (groß)	250 g	Kopfkissenbezug (groß)	250 g
Kopfkissenbezug (klein)	110 g	Kopfkissenbezug (klein)	110 g
Frotteedecken	1250 g		
Bettuch für Frotteedecken	700 g		
Moltontuch	320 g		
Gesamtmenge (pro Bett)	**5450 g**	**Gesamtmenge** (pro Bett)	**2660 g**
pro Jahr	**55,121 t**	**pro Jahr**	**26,903 t**
= 28,218 t Wäsche-Einsparung/Jahr			

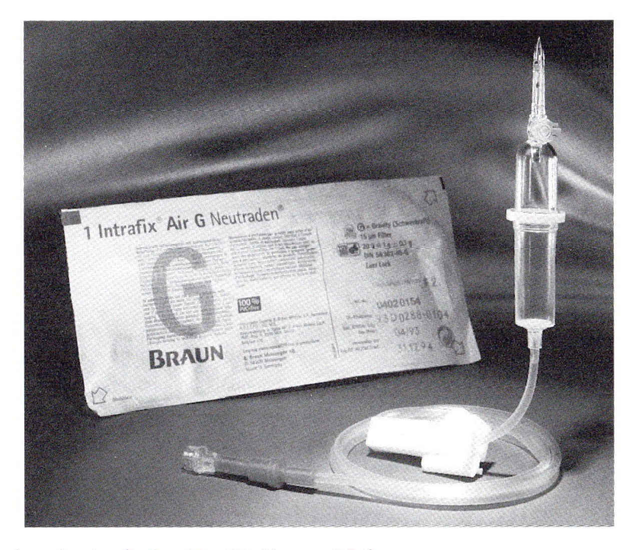

Abb. 1. PVC-freies Infusionsbesteck der Fa. B. Braun Melsungen

teurer sind als die herkömmlichen Systeme. PVC-haltige Infusionssysteme können nicht dem Recycling zugeführt werden, sind auf der Mülldeponie praktisch nicht abbaubar und können beim Verbrennen u. a. Dioxine freisetzen. So sollte auf PVC-haltige Produkte auch im Krankenhaus weitgehend verzichtet werden.

Einige wissenschaftliche Arbeiten aus USA konnten zeigen, daß Infusionssysteme 72 Stunden am Patienten belassen werden können, ohne daß sich die Venenkatheterinfektionsraten erhöhen. Ein Verbandswechsel muß ebenfalls nur alle 72 Stunden durchgeführt werden. Gegenüber einem Wechselintervall von 24 Stunden läßt sich dadurch nicht nur die Abfallmenge reduzieren, sondern auch die Arbeitszeit des Pflegepersonals.

Gibt der Patient bei der täglichen Palpation durch den intakten Verband Schmerzen an, kann von einer beginnenden Venenkatheterinfektion ausgegangen werden. Der Verband muß dann sofort entfernt und die Kathetereinstichstelle auf eine beginnende Infektion überprüft werden. Gibt der Patient keine Schmerzen an und ist der Verband sauber und trocken, so muß kein Verbandswechsel durchgeführt werden.

Sekret- und Urindrainagebeutel, Redonflaschen

Sowohl bei Sekretbeuteln als auch bei Urindrainagebeuteln handelt es sich meistens um PVC-haltige Einwegmaterialien. Sekretbeutel sollten nicht routinemäßig gewechselt werden. Bei der Lagerung oder Mobilisation des Patienten ist darauf zu achten, daß kein Wundsekret vom Beutel oder Schlauchsystem in die Wunde zurückläuft. Das täglich ablaufende Sekret wird sowohl auf dem Beutel als auch in der Kurve des Patienten dokumentiert. Ein Wechsel wird nur bei Bedarf durchgeführt, d. h. nur wenn der Sekretbeutel auch voll ist.

Urindrainagesysteme mit Wechselbeutel sind aus hygienischer Sicht nicht günstig. Sobald der Drainagebeutel voll ist, muß das System diskonnektiert werden, ein Eindringen von Erregern wird dadurch möglich. Die Industrie bietet seit einigen Jahren Urindrainagesysteme mit einem Ablaßhahn an. Diese Systeme können über Wochen am Patienten belassen werden, ohne daß dadurch eine erhöhte Infektionsrate entsteht. Gewechselt werden sollte der Drainagebeutel nur, wenn er durch Urinablagerungen unansehnlich wurde oder das System durch den Patienten diskonnektiert wurde.

Einweg-Redonflaschen werden von den meisten Herstellern aus Polyethylen (PE) angeboten. Obwohl es sich um einen recyclingfähigen Kunststoff handelt, können diese Flaschen nicht verwertet werden, da sie mit Körpersekreten verunreinigt sind. Die umweltfreundlichste Alternative sind wiederverwendbare Redonflaschen. Einer der größten Kritikpunkte gegen wiederverwendbare Redonflaschen – die manuelle Sogherstellung – konnte technisch durch die Entwicklung eines Spezialventils entkräftet werden (Vebo® – Fa. Dahlhausen) (siehe Abb. 2). Dieses Ventil ermöglicht es, die Redonflasche zu sterilisieren und in der Nachvakuumphase im Autoklaven

Abb. 2. Einwegredonflasche (*rechts*) und Mehrwegredonflasche (*links*)

den Sog herzustellen. Die Wiederaufbereitung erfordert nun vom Anwender lediglich etwas mehr an Arbeitszeit, da das Sekret vor einer Reinigung in der automatischen Reinigungs- und Desinfektionsmaschine entleert werden muß. Eine Reduktion der Arbeitszeit kann aber durch den unnötigen, prophylaktischen täglichen Wechsel der Redonflasche erzielt werden. Erneuert werden sollte eine Redonflasche nur, wenn sie nicht mehr saugt oder bis an die obere Markierung gefüllt ist.

O_2-Vernebler, Atemtrainingsgeräte

Die Verwendung von Einwegfaltenschläuchen und Verneblereinheiten ist aus hygienischer Sicht nicht erforderlich. Es gibt Verneblereinheiten, die komplett thermisch desinfiziert bzw. autoklaviert werden können. Diese Systeme werden nach 24 Stunden aufbereitet. Die Verwendung von sterilen Materialien bei der Inhalationstherapie ist nicht erforderlich, eine thermische Desinfektion (75° bzw. 95 °C) ist ausreichend.

Atemtrainingsgeräte werden hauptsächlich nur als Einweg-Produkte angeboten. Die Forderung, daß Einwegmaterialien generell nicht wiederverwendet bzw. nicht wiederaufbereitet werden dürfen, ist insofern unsinnig, da diese Artikel selten verschmutzt sind und »patientenfern« verwendet werden. Speziell Einwegfaltenschläuche, Sauerstoffmasken, Adapter und Atemtrainingsgeräte können ohne Probleme in einer Reinigungs- und

Desinfektionsmaschine standardisiert gereinigt, desinfiziert und getrocknet werden. Alle aufgezählten Produkte müssen nicht steril sein, um beim nächsten Patienten wiederverwendet zu werden, eine Desinfektion, also Abtötung aller krankmachenden Keime genügt.

Absaugsysteme

Die Verwendung von Einwegsekretflaschen beim endotrachealen Absaugen oder beim Absaugen von Wundsekret im OP ist hygienisch unnötig und verursacht hohe Kosten und Abfall. Die angebliche Infektionsgefahr durch das Entleeren der wiederverwendbaren Absaugsysteme wird vor allem von den Herstellern betont. Eine Infektionsübertragung von Hepatitis- und HIV-Viren findet allerdings nicht durch das Entleeren von Sekretauffangbehältern statt. Zum Entleeren der Behälter sind grundsätzlich Einweg-Latexhandschuhe zu tragen. Danach können die kompletten Absaugsysteme incl. Schläuche in einem Reinigungs- und Desinfektionsautomaten thermisch desinfiziert werden.

Das Zusetzen von Desinfektionslösung in den Sekretauffangbehälter ist hygienisch unsinnig, dadurch wird das Abwasser nur noch zusätzlich mit chemischen Substanzen belastet.

Moltex-Unterlagen

Einwegunterlagen werden hauptsächlich bei inkontinenten Patienten verwendet. Obwohl sie aus pflegerischer Sicht sehr umstritten sind, da sich Einwegunterlagen bei geringer Feuchtigkeit auflösen, unter dem Patienten Falten bilden oder der Patient vermehrt schwitzt, setzen sich waschbare Inkontinenzunterlagen nur schwer durch. Dies liegt zum Teil an den relativ hohen Anschaffungskosten. Die waschbaren, feuchtigkeitsundurchlässigen, belastbaren Unterlagen entsprechen den Anforderungen des Pflegepersonals und des Patienten (z. B. Geritex®, Ruck GmbH, Textile Dienstleistungen, Freiburg).

Diese Unterlagen werden von den Patienten als sehr angenehm empfunden und erleichtern die Arbeit des Pflegepersonals. Eine effektive Einsparung bringt dieses System dadurch, daß Folien (Gummieinlagen), Einmalunterlagen und Moltontücher nicht mehr benötigt werden und das Betten z. B. schwerstkranker Patienten erleichtert wird.

Einmal-Medikamentenbecher

Die Verabreichung von Tropfen, Saft o.ä. in Einwegbechern ist nicht begründbar. Lediglich die Aufbereitung, z. B. wer diese Becher spülen muß, wird auf den Stationen heftig diskutiert. Dies ist mit ein Grund, weshalb Einwegbecher nach Gebrauch häufiger auch weggeworfen werden. Medikamentenbecher können grundsätzlich manuell gespült werden, z. B. von Stationshilfen. Befindet sich in der Stationsküche eine Geschirrspülmaschine, so können die Becher selbstverständlich mit dem üblichen Geschirr mitgespült werden. Die gleichen Medikamentenbecher können auch aus Glas eingekauft werden, was die Reinigung bzw. das Spülen in einer Maschine vereinfacht, da die Glasbecher wegen ihres Gewichtes nicht durcheinander fallen. In keinem Fall sollten Medikamentenbecher nur einmal verwendet werden.

Sondenspritzen

Bei der Verabreichung kleiner Mengen von Sondennahrung über eine Magensonde muß häufig eine Sondenspritze verwendet werden. Das Kontaminationsrisiko der Sondenspritze und der Nahrung ist sehr hoch, so daß eine regelmäßige Aufbereitung dieser Einwegspritzen erforderlich wird. Obwohl diese Spritzen als Einwegartikel eingekauft werden, ist das Material so beständig, daß ein müheloses Aufbereiten (bis zu 5mal) möglich ist. Die Sondenspritzen werden nach jeder Mahlzeit in einer automatischen Reinigungs- und Desinfektionsmaschine thermisch desinfiziert und anschließend bis zur Wiederverwendung trocken und staubfrei gelagert. Bei längeren Lagerzeiten im Regal oder Schrank ist eine Verpackung erforderlich, hierfür ist eine Sterilisationsfolie geeignet.

Mundpflege

Die notwendigen Gegenstände für die Mundpflege werden häufig als Einwegprodukte angeboten. Es gibt aber auch hitzestabile Sets. Diese bestehen aus einem Tablett, mehreren Bechern (z. B. für Kugeltupfer, Spüllösung) und einer Ablage für die Klemme und andere Pflegeutensilien.

Die Mundpflege-Klemme und der Becher für die Spüllösung werden täglich thermisch desinfiziert bzw. autoklaviert. Das gesamte Tablett wird nach der Entlassung des Patienten ebenfalls thermisch desinfiziert und bis zur Wiederverwendung trocken und staubfrei gelagert.

Auf Intensivstationen und Stationen mit immunsupprimierten Patienten müssen die Mundpflegeutensilien nach jedem Gebrauch wiederaufbereitet werden. Da bei der Pflege die Klemme zum Auswischen des Mundes mit der physiologischen Mundflora bzw. mit pathogenen Erregern kontaminiert wird und nachfolgend auch die Pflegelösung, mit der die Tupfer befeuchtet werden, erscheint die Verwendung von Einwegartikeln für das Pflegepersonal zeitsparender zu sein. Wiederverwendbare Klemmen müssen aber nach Gebrauch lediglich mit 70 %igem Alkohol abgewischt werden. Die Pflegelösung sollte nur in kleinen Mengen im Mundpflegebecher bereitgestellt werden, so daß die Flüssigkeit zur Mundpflege komplett aufgebraucht wird. Der Becher wird nach Gebrauch ebenfalls lediglich mit 70 %igem Alkohol ausgewischt (siehe Abb. 3).

Abb. 3. Mehrweg-Mundpflegeset

Einwegüberschuhe, Einwegwaschlappen, Einweghöschen

Überschuhe sind aus infektiologischen Gründen in keinem Bereich des Krankenhauses mehr notwendig. Verwendung finden Überschuhe bei Patienten, die als Notfall ins Krankenhaus aufgenommen werden und in der ersten Zeit keinerlei persönliche Gegenstände zur Verfügung haben. Für diesen Fall können aber anstatt der Einwegüberschuhe auch waschbare Überschuhe eingekauft werden. Wiederverwendbare Überschuhe können bei 60°–90°C wie normale Klinikwäsche gewaschen und getrocknet werden.

Einwegwaschlappen sollten nur bei Patienten Verwendung finden, die z. B. eine Hauterkrankung haben und mit stark färbenden Salben oder Lösungen behandelt werden müssen. Die Fleckentfernung aus Frotteewaschlappen ist nur mit einem erheblichen Aufwand beim Waschen (mehrmaliges Waschen oder Verwendung spezieller Fleckentferner) bzw. überhaupt nicht möglich.

Die Verwendung von Einwegwaschlappen bei Patienten mit infektiösen Darmerkrankungen oder generell bei Infektionspatienten ist aus krankenhaushygienischer Sicht unsinnig.

Aus ästhetischen Gründen erhalten Patienten teilweise Einwegunterwäsche für den Zeitraum zwischen der OP-Vorbereitung bis zur Operation. Es muß aber nicht Einwegunterwäsche verwendet werden. Die Patienten können bei Eingriffen z. B. an den Extremitäten ihre saubere Privatwäsche tragen, ohne daß dadurch eine Infektionsgefahr entsteht. Eine weitere Möglichkeit ist es, waschbare Netzhöschen zu verwenden. Diese können im normalen Waschverfahren wiederaufbereitet und dem nächsten Patienten zur Verfügung gestellt werden.

Kanülenentsorgungsbehälter

Kanülen und spitze Gegenstände wie z. B. Skalpelle müssen in durchstichsichere, verschließbare und bruchsichere Behälter entsorgt werden. Jeden Arbeitsplatz mit einem speziellen, von der Industrie angebotenen Kanülenentsorgungsgefäß zu bestücken, ist sicherlich nicht erforderlich. An den Arbeitsplätzen, an denen viele Kanülen oder Brechampullen anfallen, können auch leere Reinigungsmittelbehälter oder andere »Abfall-Kunststoff-Behälter« aufgestellt werden. So kann ein Abfallprodukt durchaus auch zur Entsorgung von Müll verwendet werden.

Entsorgung infektiöser Abfälle

M. Scherrer

Gemäß Abfallgesetz müssen Abfälle, die nach Art, Beschaffenheit oder Menge in besonderer Weise gesundheitsgefährdend sind, besonders entsorgt werden. Dazu zählen im Gesundheitswesen die infektiösen Abfälle. Das bedeutet aber keineswegs, daß alle Abfälle aus dem Krankenhaus oder der Arztpraxis als besonders gefährlich (oder gar infektiös) entsorgt werden müssen.

Im Merkblatt der LAGA-AG (LAGA = Länderarbeitsgemeinschaft Abfall) über die Vermeidung und die Entsorgung von Abfällen aus öffentlichen und privaten Einrichtungen des Gesundheitsdienstes werden die Abfälle aus Klinik und Praxis gemäß ihrer Gefährdung in fünf Gruppen eingeteilt.

Gruppe A: Hausmüllähnliche Abfälle, diese Abfälle sind problemlos zu entsorgen. Die Abfälle dieser Gruppe entsprechen im wesentlichen den üblichen kommunalen Abfällen.

Gruppe B: Krankenhausspezifische Abfälle ohne Infektionsrisiko, diese Abfälle können prinzipiell wie Abfälle der Gruppe A als normaler Hausmüll entsorgt werden. Sie stellen außerhalb des Krankenhauses keine Infektionsgefahr dar (z.B. Wundverbände, Gipsverbände, Stuhlwindeln).

Gruppe C: Krankenhausspezifische Abfälle mit Infektionsrisiko (infektiöse Abfälle), diese Abfälle definieren sich nach der Art der Krankheitserreger unter Berücksichtigung ihrer Ansteckungsgefährlichkeit, der Überlebensfähigkeit, des Übertragungsweges, dem Ausmaß und der Art der Kontamination sowie der Menge des Abfalls.

Gruppe D: Abfälle, an deren Entsorgung aus umwelthygienischer Sicht besondere Anforderungen zu stellen sind (chemische Abfälle).

Gruppe E: Körper- und Organteile, sowie Versuchstiere.

Infektiöse Abfälle fallen nur in engbegrenzten Bereichen der Krankenhäuser und nur in sehr geringen Mengen in der Arztpraxis an. Die Definition mit Angabe des Übertragungswegs der jeweiligen Krankheit ist in Tabelle 1 aufgeführt. Die Auflistung der Krankheiten orientiert sich an der Liste der meldepflichtigen Krankheiten nach Bundesseuchengesetz, wobei die Krankheiten, die eindeutig nicht durch Abfall übertragen werden können, nicht berücksichtigt wurden.

Tabelle 1. Einteilung infektiöser Abfälle

Krankheit	Übertragbar durch
Hepatitis B Milzbrand Jakob-Creutzfeld-Krankheit Tularämie	Blut und Sekret
Cholera Paratyphus A, B, C Poliomyelitis Typhus abdominalis	Stuhl
Brucellose Diphtherie Q-Fieber Tollwut offene Tuberkulose	Sekret
Meningitiden (je nach Erreger)	Stuhl, Sekret
virusbedingte hämorrhagische Fieber	Blut, Sekret, Stuhl

Bei der Einteilung der infektiösen Abfälle sind auf jeden Fall die Art und das Ausmaß der Kontamination zu berücksichtigen. So kann beispielsweise Typhus ausschließlich durch Stuhl übertragen werden, das bedeutet, nur sichtbar und massiv mit Stuhl kontaminierter Abfall eines Patienten, der an Typhus erkrankt ist, ist infektiöser Abfall.

Mit Blut oder Sekreten kontaminierter Abfall des gleichen Patienten ist normaler Hausmüll, unkontaminierte Wertstoffe können sogar problemlos verwertet werden. Es ist beispielsweise auch völlig unsinnig, alle Abfälle bei der Pflege und Behandlung eines Patienten mit Hepatitis B als infektiösen Abfall zu entsorgen, nur der mit Blut verschmierte Abfall ist möglicherweise infektiös. Durch eine genaue Einhaltung dieser Definition können die Mengen an infektiösem Abfall erheblich reduziert werden.

Infektiöse Abfälle müssen als besonders überwachungsbedürftige Abfälle (Abfallschlüsselnummer 97101) entsorgt werden. Ausnahmen sind möglich, wenn die Abfälle im Krankenhaus behandelt werden. Dabei sind zwei Verfahren möglich:

1. Hauseigene Verbrennung: Dieses Verfahren war früher weit verbreitet, mit dem Inkrafttreten verschiedener Verordnungen zum Bundesimmissionsschutzgesetz konnten die strengen Immissionsgrenzwerte nicht mehr eingehalten werden. Die noch betriebenen Anlagen wurden entweder nachgerüstet oder vollständig neu errichtet. Der Betrieb von nachgerüsteten oder neu errichteten Anlagen verursacht erhebliche Kosten und dürfte ökonomisch nur bei der gleichzeitigen Benutzung durch mehrere Krankenhäuser möglich sein.

2. *Desinfektion:* Bei diesem Verfahren werden die Krankheitserreger im Abfall abgetötet, anschließend gelten diese Abfälle als hausmüllähnliche Abfälle der Gruppe A und können relativ problemlos entsorgt werden. Bei der Desinfektion ist zu beachten, daß nur vom Bundesgesundheitsamt zugelassene Verfahren verwendet werden dürfen (mindestens 105 °C, Einwirkzeit 25 Minuten). Diese Verfahren sind in der Liste der vom Bundesgesundheitsamt geprüften und anerkannten Desinfektionsmittel und -verfahren gelistet. Dabei handelt es sich zur Zeit ausschließlich um thermische Verfahren nach dem Vakuum-Dampf-Vakuum-Prinzip. Die thermische Desinfektion kann sowohl in stationären als auch in mobilen Anlagen durchgeführt werden. Eine *chemische Desinfektion* ist nicht zugelassen, außerdem extrem umweltbelastend und noch dazu unwirksam, weil z. B. chemische Desinfektionsmittel in englumige Schläuche oder Kanülen gar nicht eindringen können, ebenfalls nicht zugelassen ist die Abfalldesinfektion mit Mikrowelle. Am einfachsten und kostengünstigsten ist die hauseigene thermische Desinfektion, wenn dazu kann ein älterer Autoklav umgerüstet oder auch eine nicht mehr benötigte Matratzendesinfektionsanlage benutzt werden kann.

Außer der Behandlung im Krankenhaus bleibt nur die Entsorgung in einer dafür zugelassenen Anlage. In der Regel bedeutet dies Transport in eine Sondermüllverbrennungsanlage. Der Transport mit einem Spezialfahrzeug und speziell ausgebildetem Fahrer in eine solche Anlage hat nach den Erfordernissen der Gefahrgutverordnung Straße (GGVS) zu erfolgen, außerdem muß ein von der Bundesanstalt für Materialprüfung (BAM) zugelassenes Transportbehältnis verwendet werden. Für den Transport infektiösen Mülls müssen keine teuren Einweggefäße verwendet werden. Es sind auch wesentlich preisgünstigere Mehrwegbehälter zugelassen.

Die Kostenunterschiede bei der Entsorgung in einem Mehrwegbehälter (OTTO 1000, s. Abb. 1) gegenüber einer Einwegtonne zeigt Tabelle 2.

Durch die europäische Vereinigung ist mit einer weiteren Vielzahl von neuen Gesetzen und Richtlinien zu rechnen. Eine dieser neuen Richtlinien betrifft auch die gefährlichen Abfälle (EG-Richtlinie 91/689/EWG). Mit dieser Richtlinie sollen die Entsorgungswege für gefährliche Abfälle in der Europäischen Gemeinschaft einheitlich geregelt werden. Betroffen von der EU-Richtlinie sind auch die infektiösen Abfälle und die Körper- und Organabfälle. Bis zum Ende des Jahres 1993 soll die EU-Richtlinie bereits in nationales Recht umgesetzt werden. Zur Zeit befaßt sich die EU-Arbeitsgruppe Primary Waste Streams Health Care Waste aber noch mit der Erarbeitung von Definitionen. Die Abfälle aus dem Gesundheitswesen werden dabei voraussichtlich in fünf Gruppen eingeteilt (Tabelle 3).

Nach Aussage der Bundesregierung (Bundestagsdrucksache 12/4043) wird sich aber für die deutschen Krankenhäuser durch die Umsetzung der EU-Richtlinie keine wesentliche Änderung bei der Entsorgung der krankenhausspezifischen Abfälle ergeben.

Abb. 1. OTTO 1000, Mehrwegtransportbehälter für infektiösen Müll

Tabelle 2. Kosten für die Verpackung von infektiösem Abfall

Einwegtonne		Mehrwegbehälter (OTTO 1000)	
Einwegtonne	3,56 DM/kg	Mehrwegbehälter	0,02 DM/kg
Abfallsack als Innenverpackung	0,11 DM/kg	Abfallsack	0,11 DM/kg
Sackverschlüsse	0,02 DM/kg	Sackverschlüsse	0,02 DM/kg
Summe	3,69 DM/kg	Summe	0,15 DM/kg

Bei der Berechnung wurde von Voraussetzungen am Universitätsklinikum Freiburg ausgegangen, das bedeutet:
Durchschnittliche Füllmenge des Mehrwegbehälters: 15 Abfallsäcke = 48 kg
Anschaffungskosten des Mehrwegbehälters: 2 900 DM
Abschreibungszeitraum des Mehrwegbehälters: 5 Jahre = 580 DM/Jahr
Abfallmenge pro Jahr: ca. 25,2 t = 525 Füllungen des Mehrwegbehälters
Durchschnittliche Füllmenge des Abfallsacks: 3,2 kg

Tabelle 3. Gruppeneinteilung von Krankenhausabfällen nach EU-Arbeitsgruppe Health Care Waste

Gruppe 1	Abfall aus der Patientenbehandlung a) infektiös b) nicht infektiös, chemisch kontaminiert c) nicht infektiös, ungefährlich
Gruppe 2	Anatomische Abfälle von Patienten a) infektiös b) nicht infektiös
Gruppe 3	Abfälle aus Forschungs- und Diagnoselaboratorien a) infektiös b) mikrobiologische Kulturen und Probenmaterial c) nicht infektiös, chemisch kontaminiert d) nicht infektiös, ungefährlich
Gruppe 4	Versuchstiere a) infektiös b) nicht infektiös
Gruppe 5	Scharfe und spitze Gegenstände

Laborabfälle – Vermeidung, Verwertung und Entsorgung

K. Kümmerer und T. Steger-Hartmann

In klinisch-chemischen oder mikrobiologischen Routinelabors, sowie in Forschungslaboratorien medizinischer Einrichtungen fallen eine Vielzahl von Abfällen an, die speziell entsorgt werden müssen. Es handelt sich bei einem Großteil um besonders überwachungsbedürftige Abfälle (siehe Kapitel über die rechtlichen Grundlagen), die umgangssprachlich auch als Sonderabfälle bezeichnet werden. Neben dem Aspekt des Umweltschutzes empfiehlt sich auch aus Gründen steigender Entsorgungskosten bei diesen Abfällen primär die *Vermeidung*. Dabei kann Vermeidung entweder den Ersatz einer toxischen durch eine weniger toxische Substanz bedeuten, aber auch die Reduktion des Verbrauchs einer problematischen Substanz, oder den vollkommenen Verzicht durch Wahl entsprechender alternativer Verfahren beinhalten. Natürlich ist Vermeidung nicht immer möglich, jedoch kann bei genaueren Überlegungen mancher »Abfall« als Wertstoff eine *Wiederverwertung* oder *Weiterverwendung* erfahren, bevor als letzte Alternative der Weg der endgültigen *Entsorgung* beschritten werden muß.

Vermeidung

Der überwiegende Teil der klinisch-chemischen Routineanalysen ist standardisiert und automatisiert, so daß eine Variation von Testlösungen und Reaganzienmischungen zur Vermeidung besonders toxischer Abfälle selten möglich ist. Dennoch empfiehlt es sich auch bei Routineanalysen die Überlegung anzustellen, ob nicht die eine oder andere toxische oder wassergefährdende Substanz durch eine weniger problematische substituiert werden kann. Diese Überlegung sollte auch in Betracht gezogen werden, wenn es um die Wahl der Bezugsquelle für Fertigreagenzien geht. Einige Hersteller von Reagenzienkits sind dazu übergegangen quecksilberhaltige Konservierungsmittel (z.B. Thiomersal) durch weniger problematische zu ersetzen. Zudem bemühen sich auch Hersteller von medizinischen Analysegeräten um die Reduktion von Sonderabfällen, die bei der Benutzung ihrer Geräte anfallen. Als Beispiel sei hier die cyanidfreie Hämoglobinbestimmung mittels Natriumlaurylsulfat (SDS) [1] erwähnt. Ein entsprechendes Analysengerät (Typ Sysmex) wird zusammen mit dem erforderlichen Reagenz (Sulfolyser) von der Firma Digitana (Hamburg) vertrieben.

Die Substitution toxischer, radioaktiver oder wassergefährdender Substanzen bietet sich bevorzugt in medizinischen Forschungslabors an, in denen die Routineanalyse eine untergeordnete Rolle spielt. Durch die Fortschritte auf dem Gebiet der Immunfluoreszenz oder anderer Markierungsmethoden (z. B. Chemoluminiszenzmarkierung, Biotinylierung oder Hapten-gekoppelte Nucleinsäuremarkierung) [2, 3] kann beispielsweise ein radiochemischer Nachweis (z. B. Bestimmung von Östradiol oder Testosteron mittels ^{125}I) unter Umständen durch ein alternatives Verfahren, bei dem kein radioaktiver Abfall anfällt, ersetzt werden.

Häufig kann bei Trennungen mittels HPLC das toxische Acetonitril (Wassergefährdungsklasse 2) durch das weniger giftige Methanol (Wassergefährdungsklasse 1) ersetzt werden. Eine Vermeidung von Lösungsmitteln läßt sich durch neuentwickelte Extraktionsverfahren erreichen. So fallen bei einer sogenannten superkritischen Extraktion mittels Kohlendioxid keine oder nur geringe Mengen an organischen Lösungsmittelabfällen an. Festphasenextraktionen (z. B. mittels RP-18 Phasen) als Alternative zum Ausschütteln mit dem Scheidetrichter ermöglichen erhebliche Lösungsmittelreduktionen und sparen durch das Wegfallen des Einengens auch Zeit. Komplette Extraktionseinheiten werden zusammen mit fertiggepackten Säulen unterschiedlicher Polarität (z. B. Typ Chromabond) unter anderem von der Firma Macherey und Nagel (Düren) hergestellt (siehe Abb. 1). Eine Festphasenextraktion kann auch dazu dienen, das Volumen von Abfällen mit problematischen Inhaltsstoffen erheblich zu reduzieren. Die Firma Supelco bietet Extraktionskartuschen für Ethidiumbromid an. Nach Angaben des Herstellers können mit einer Kartusche bis zu 16 l Ethidiumbromid-haltiger Lösung (0,5 μ/ml) gereinigt werden [4].

Die Verwendung von Chromschwefelsäure zur Entfernung von Fettresten und hartnäckigen Verschmutzungen an Glasgeräten sollte aufgrund der Toxizität und Reaktivität dieser Substanz (Wassergefährdungsklasse 3, stark ätzend) der Vergangenheit angehören. Als zeitgemäße Alternative bietet sich die Reinigung im Ultraschallbad eventuell unter Zusatz von speziellen Laborreinigern an. Häufig lassen sich Verschmutzungen aber einfach auch dadurch beseitigen, daß man Glasgeräte unmittelbar nach der Benützung vorspült, eventuell auch mit wenig toxischen organischen Lösungsmitteln (z. B. schon gebrauchtes Aceton, Ethanol aus der HPLC). Vorhandene Chemikalienreste trocknen so erst gar nicht an. Schliffett sollte vorher mit einem Papiertuch entfernt werden. Bei hartnäckigen Substanzresten sollte die Temperatur der Reinigungslösung erhöht und mit passenden Bürsten geschrubbt werden.

In Rezepturen für Lösungen (Einwaage von Standards, Extraktions- oder Laufpuffer, Nährmedien) erfolgt die Konzentrationsangabe häufig standardisiert in der Einheit Gramm oder Milligramm pro Liter Lösungsmittel. Diese Angabe verleitet dazu, die Lösungen, unabhängig vom tatsächlichen Verbrauch, im Litermaßstab anzusetzen. Häufig liegt die benötigte Menge weit unter einem Liter. Selten benötigte und schlecht haltbare Lösungen fallen dann unnötigerweise als Abfälle an. Dies läßt sich leicht

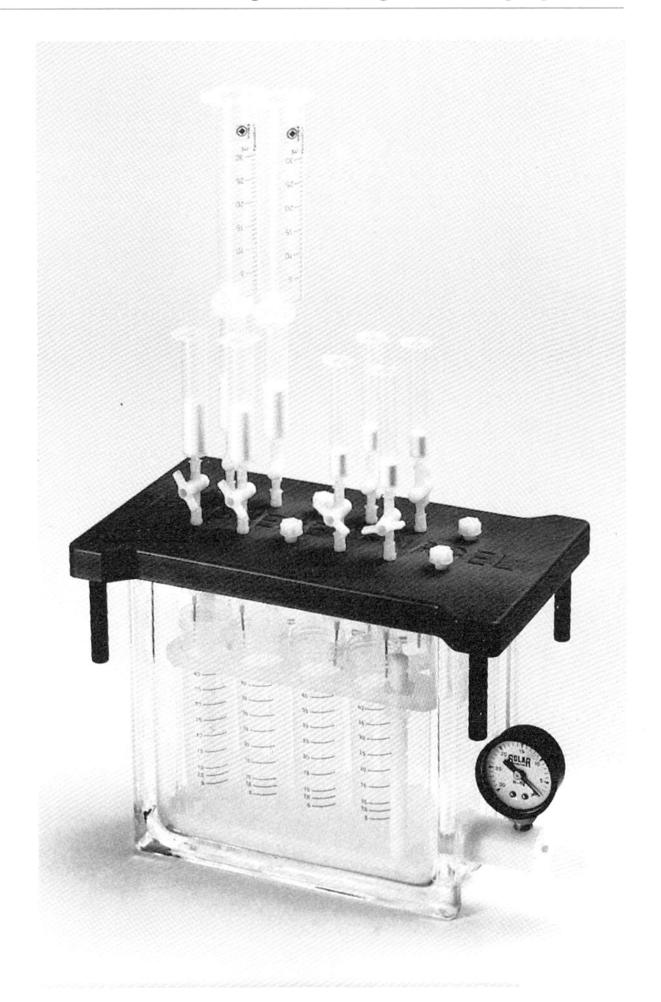

Abb. 1. Festphasenextraktionseinheit (Fa. Macherey und Nagel, Düren)

vermeiden, wenn der tatsächliche Verbrauch vorher ermittelt und die Konzentrationsangabe entsprechend umgerechnet wird. Es empfiehlt sich, die errechnete Angabe zu protokollieren oder im Labor anzuschlagen.

Nicht unerheblich ist der Anfall von Sonderabfällen durch schlecht organisierte Lagerhaltung in den Labors. Teilweise werden – aus falschem Kostenbewußtsein – größere Mengen an Chemikalien geordert und gelagert, als in absehbarer Zeit verbraucht werden. Reste geraten vor allem beim Wechsel des Personals oder der Forschungsschwerpunkte in Vergessenheit, das Alter der Chemikalien oder gar die Identität der Substanz sind nicht mehr festzustellen. Durch Erfassung der Chemikalienbestände mittels eines PC, in dem Menge, Alter, Haltbarkeit, Bezugsquelle und Synonyme der Substanznamen archiviert werden, läßt sich der Überblick bewahren und gleichzeitig die Bestellung erleichtern. Die Speicherung von Trivialnamen neben den exakten Bezeichnungen verhindert Doppelbestellungen, wie sie beispielsweise bei Chloroform (Trichlormethan) oder Acetonitril (Methylcyanid) gelegentlich vorkommen. Alter und Güte einer Chemikalie kann mit Hilfe des Programms auch noch nach mehreren Jahren festgestellt werden, was eine Verwertung oder Weiterverwendung erleichtert. Eine solche Chemikalienerfassung wird am Institut für Umweltmedizin am Universitätsklinikum Freiburg mit einem käuflichen Programm (MS-Safe 2.4, Firma Merck-Schuchardt) mit Erfolg durchgeführt. Sicherheitstechnische Hinweise (R-, S-Sätze, Gefahrensymbole), physikalische und toxikologische Daten können in die Dateien mitaufgenommen und bei Bedarf abgefragt werden (z. B. beim Erstellen einer Gefahrstoffanweisung). Da in dem Programm auch der Standort jeder gesuchten Chemikalie enthalten ist, wiegt die bei der Suche gesparte Zeit die für die Eingabe aufgebrachte Zeit bei weitem auf.

Verwertung, Chemikalienbörse

Die Erfassung der Chemikalien mittels EDV ermöglicht die Einrichtung einer Chemikalienbörse im Verbund mit mehreren Labors. Sinn einer solchen Börse ist, nicht mehr gebrauchte Chemikalien an andere Labors abzugeben, bei denen dafür Bedarf besteht. Besonders praktikabel ist eine derartige Einrichtung an Großkliniken bei denen ein zentraler Reagenzieneinkauf erfolgt (siehe Abb. 2).

Laufen in dieser Reagenzienzentrale die Informationen über Chemikalienbestände zusammen, so läßt sich rasch beurteilen, ob eine Bestellung nicht durch vorhandene, von Labors zurückgegebene, Bestände gedeckt werden kann. Natürlich ist in solchen Fällen generell die Reinheit einer Substanz nach den Erfordernissen des Anwenders zu berücksichtigen. Für bestimmte Anwendungen, z. B. die Herstellung von Nährmedien, lassen sich häufig angebrochene Bestände einer Chemikalie minderer Güte verwenden, wenn das Kontaminationspotential eingegrenzt werden kann. Als weitere Abnehmer angebrochener Chemikalien kommen klinikexterne Einrichtungen (wie z. B. Universitätsinstitute, Fachschulen, Gymnasien) in Frage.

Bei isokratischen HPLC-Trennungen mit länger haltbaren Laufmittelkomponenten, d. h. vorzugsweise reinen Lösungsmittelsystemen, lassen sich beträchtliche Laufmittelmengen einsparen, wenn durch ein entsprechendes detektorgesteuertes Schaltventil Laufmittel ohne Verunreinigung (»zwischen den Peaks«) abgeschieden und einer Wiederverwendung zugeführt wird [5]. Zurückgewonnenes Laufmittel ist in seiner Wiederverwendung allerdings meist auf nur eine Methode beschränkt, da bei der Verwendung anderer Detektoren oder Detektoreinstellungen unerwünschte Verunreinigungen zu Tage treten können. Derartige Ventile – sogenannte Solvent Recycler – werden von der Firma Alltech (Unterhaching) vertrieben und eignen sich v. a. für Routineanalysen (siehe Abb. 3).

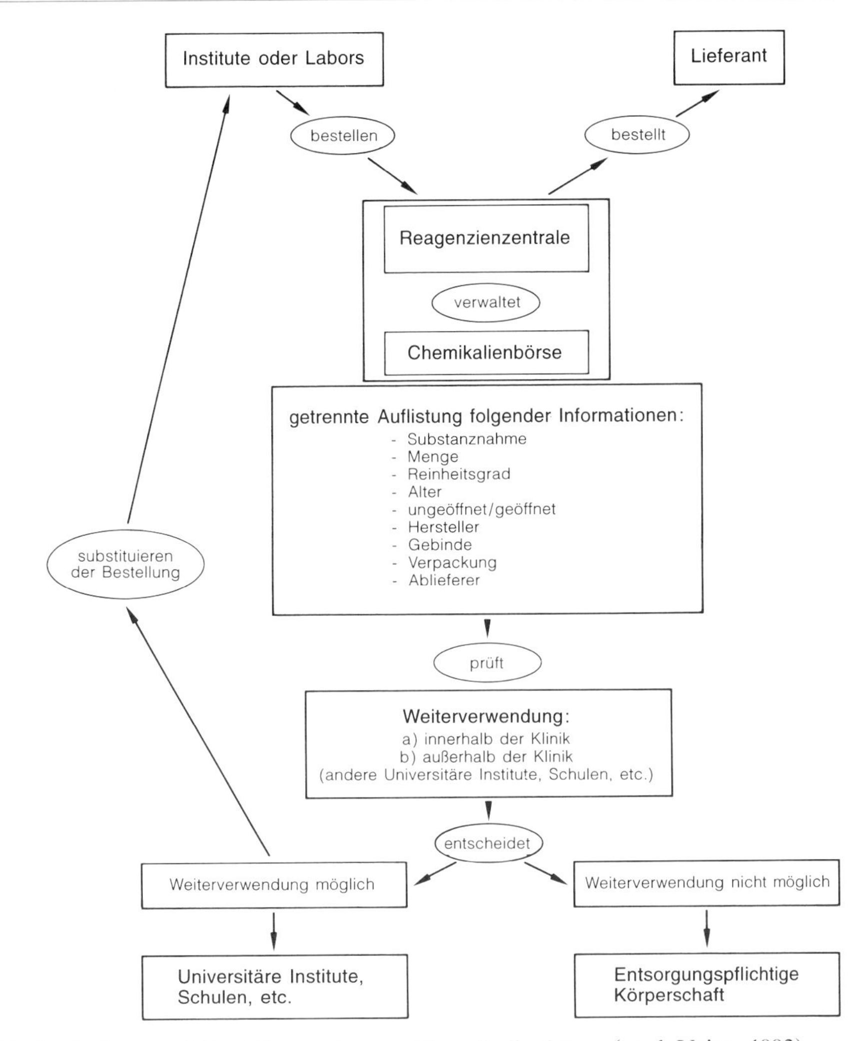

Abb. 2. Aufbau und Funktionsweise der Chemikalienbörse (nach Voigt, 1993)

Lösungsmittel lassen sich auch durch ein sogenanntes »down-scaling« einsparen. Darunter versteht man eine Verkleinerung der Versuchsansätze und die dadurch mögliche Einsparung von Lösungsmitteln. Beispielsweise ist dies im Rahmen von HPLC-Analysen möglich, wenn anstatt herkömmlicher Säulen in den Dimensionen verkleinerte Säulen, sogenannte »narrow bore« oder »micro bore« Säulen verwendet werden. Die Möglichkeit, schon vorhandene HPLC-Anlagen umzurüsten, wird zwischenzeitlich von vielen HPLC-Herstellern angeboten.

Eine weitere Möglichkeit Lösungsmittel einzusparen, besteht in der (Re)Destillation von gebrauchten Lösungsmitteln [6, 7]. In Frage kommen v. a. Lösungsmittel, die in größeren Mengen anfallen und möglichst gleich-

Abb. 3. Lösungsmitteleinsparung bei der HPLC durch den Solvent-Recycler (Fa. Alltech)

bleibende Verunreinigungen aufweisen. Als Beispiel seien die Ethanol- und Xylolabfälle der pathologischen Abteilungen von Krankenhäusern angeführt, die als Hauptverunreinigung meist nur Paraffin enthalten. Die Destillate weisen oft eine höhere Reinheit auf, als die ursprünglich angeschafften Lösungsmittel, was eine Wiederverwendung erleichtert und die Redestillation auch ökonomisch sinnvoll macht. Generell kann mit einer Recyclingquote von ungefähr 80 % der eingesetzten Lösungsmittelvolumina gerechnet werden. Eine Aufreinigung der Lösungsmittel»abfälle« kann in jedem Labor durchgeführt werden, in dem eine Destillationseinheit (vorzugsweise ein Rotationsverdampfer oder eine kleine Destillationskolonne) zur Ausstattung gehört. Allerdings kann es sich für größere Einrichtungen als günstig erweisen, eine zentrale Redestillationsapparatur im größeren Maßstab anzuschaffen, die die Behandlung der Lösungsmittel aller Labors übernimmt (Kosten ungefähr 15 000–16 000,– DM für halbtechnische Anlagen, bis zu mehreren 10 000,– DM für größere Anlagen). Für größere Anlagen müssen jedoch entsprechende Räumlichkeiten, Personal und Analytik für die Qualitätssicherung vorhanden sein. Als Alternative steht auch noch die Abgabe der Lösungsmittel zur Redestillation an entsprechende Firmen zur Verfügung. Die Qualität der Redestillate muß sich auch hier nach den Erfordernissen der Anwender richten, wobei zu berücksichtigen ist, daß Destillate geringerer Qualität Verwendung als Spülflüssigkeit (z. B. Aceton zur Reinigung von Laborglas) finden können, was grundsätzlich für alle im Labor anfallenden, wenig verunreinigten Lösungsmittel»abfälle« gilt.

Neben den Lösungsmittelabfällen gibt es ein Verwertungspotential für Chemikalien im Bereich der photographischen Dokumentation. Verschiedene Hersteller von Entwicklungsgeräten für Filme bieten Apparaturen an, mit deren Hilfe während des Entwicklungsprozesses Silber zurückgewonnen werden kann. Allerdings gewähren die meisten Hersteller derzeit noch keine Garantien für die Haltbarkeit von Filmen bzw. Aufnahmen, die mit derartigen Methoden entwickelt wurden. Da der Gesetzgeber bei Röntgenaufnahmen eine Haltbarkeit von zehn Jahren vorschreibt, ist die Verwendung für Röntgenfilme derzeit noch nicht möglich.

Entsorgung

Eine ordnungsgemäße Entsorgung der nicht vermeidbaren Sonderabfälle über Fachfirmen sollte für jedes Labor eine Selbstverständlichkeit sein. Laborchemikalien dürfen nur in wenigen Ausnahmefällen über den Abfluß in das Abwasser »entsorgt« werden. Allerdings könnte für den Einzelfall geprüft werden, ob eine schwach wassergefährdende, aber leicht abbaubare Substanz nicht umweltschonender und auch kostengünstiger über das Abwasser beseitigt werden kann, obwohl nach dem DIN-Sicherheitsdatenblatt eine Verbrennung vorgeschlagen wird. Als Beispiel sei Ethanol aufgeführt, das in geringeren Mengen als erwünschtes Substrat für Mikroorganismen für den Klärprozeß in der kommunalen Kläranlage günstig sein kann. In jedem Fall ist allerdings vor einer solchen Entscheidung der Betreiber der zuständigen Kläranlage und die Aufsichtsbehörde (Wasserwirtschaftsamt, Regierungspräsidium) zu befragen und zu berücksichtigen, daß durch eine derartige Vorgehensweise nicht gegen einschlägige gesetzliche Regelungen, wie z. B. kommunale Abwassersatzungen verstoßen wird.

Bei der Auswahl unter den angebotenen Fertigtests, wie sie in der klinischen Analytik häufig zur Anwendung kommen, sollte ein Entscheidungskriterium sein, ob die Tests nach Anwendung wieder vom Hersteller zurückgenommen und fachgerecht entsorgt werden. Dies ist bei Fertigtests im Bereich der Wasseranalytik mittlerweile Standard und setzt sich auch bei neueren trockenchemischen Testverfahren im Bereich der klinischen Chemie durch. So nimmt z. B. die Firma Kodak die von ihr angebotenen Tests (»slides«) nach Gebrauch zurück. Mit der Einführung trockenchemischer Verfahren wird zwar eine Abwasserentlastung erreicht, die grundsätzliche Abfallproblematik bleibt aber bestehen.

Häufige Rückfragen führen beim Hersteller möglicherweise auch zur Erkenntnis, daß er sich durch die Rücknahme verbrauchter Chemikalien Marktvorteile erwerben kann. Eine flächendeckende Rücknahme kann zudem das Recycling der Inhaltsstoffe der Tests auch ökonomisch lohnenswert machen.

Einige Sonderabfälle können durch geeignete Maßnahmen selbst entsorgt werden. Als Beispiel sei hier die Cyanidentgiftung (Abfälle aus der Hämoglobinbestimmung) durch Umsetzung mit Wasserstoffperoxid erwähnt. Die Endprodukte dieser Behandlung (Wasser, Stickstoff, Kohlendioxid entstehend aus Cyanat) können in das Abwasser eingeleitet werden. Grundsätzlich kann diese langsam ablaufende Reaktion im Reagenzglasmaßstab im Abzug (Gefahr der Dicyanbildung) durchgeführt werden, allerdings empfiehlt sich, bei größeren Einrichtungen mit entsprechendem Abfallaufkommen spezielle Geräte im halbtechnischen Maßstab für die

Entsorgung anzuschaffen (z. B. Fa. Sigg, Altheim-Waldhausen, Kosten ungefähr 50000,– DM) [8]. Bei einem jährlichen Aufkommen von 10000 l Cyanidabfällen und einem augenblicklichen Entsorgungspreis von derzeit ca. 6,– DM pro Liter amortisiert sich die Anschaffung einer derartigen Anlage in Jahresfrist.

Bei den nicht selbst zu entsorgenden Chemikalien empfiehlt es sich, schon während der Verwendung der Chemikalien die Arbeitsweise so zu organisieren, daß eine getrennte Sammlung der Abfälle in möglichst hoher Qualität möglich ist. Üblich ist häufig nur die Trennung nach wassermischbaren, nicht wassermischbaren und halogenhaltigen Flüssigkeiten. Eine weitere, lösungsmittelspezifische Trennung der flüssigen Abfälle verhindert gefährliche Reaktionen im Abfallbehälter, bietet einen raschen Überblick über den Beitrag einzelner Substanzen zum Abfallaufkommen und erleichtert ein potentielles Redestillationsvorhaben. Unabhängig davon erhöht eine getrennte Sammlung auch die Wahrscheinlichkeit, Sondermüll kostengünstiger durch Fachfirmen beseitigen zu lassen. Eindeutige Beschriftung und Kennzeichnung mit Gefahrsymbolen sowie die adäquate Lagerung der Abfallbehälter (z. B. Lagerung brennbarer flüssiger Abfälle entsprechend der Verordnung über brennbare Flüssigkeiten [VbF]) sollte selbstverständlich sein. Die Abfälle können ähnlich wie die Neuchemikalien über ein Computerprogramm erfaßt werden. Angaben über Mischungen, Standort und anfallende Volumina erleichtern den Überblick und bieten Ansatzmöglichkeiten zur Verminderung des Aufkommens, da die Hauptverursacher leichter identifiziert werden können.

Umweltschutz im Labor

Neben den oben geschilderten Entsorgungsmöglichkeiten für Laborchemikalien gibt es noch weitere Möglichkeiten Umweltschutz zu praktizieren.

Bei der Beschaffung von Lösungsmitteln, die in größeren Mengen verbraucht werden, können Einweggebinde durch Mehrwegsysteme ersetzt werden, wie sie beispielsweise die Firmen Merck und Riedel-de Haen anbieten. Vor allem wenn mehrere Anwender in einem Hause gleiche Lösungsmittel verbrauchen, ist eine solche Umstellung sinnvoll und unter Umständen auch kostengünstiger.

Große Wasserverbraucher in Labors sind Kühlwassereinrichtungen und Wasserstrahlpumpen (je nach Größe zwischen 5–20 l/min). Bei ersteren ist zu prüfen, ob sich das Kühlwasser nicht auch im Kreislauf führen läßt (Umwälzkühler). Wasserstrahlpumpen tragen im Betrieb zudem häufig leichtflüchtige organische Lösungsmittel in das Abwasser ein. Eine preisgünstige Lösung dieses Problems ist die Aufrüstung der vorhandenen Wasserstrahlpumpen mit einer Steuereinheit (Vakuumkonstantschaltung) und einer Kühlfalle zur Emissionsverminderung. Die Steuereinheit schließt über ein Ventil die Wasserzufuhr, sobald ein eingestellter Sollvakuumdruck erreicht wird und spart so Wasser. Die kostspieligere Anschaffung von lösungsmittelresistenten Membranvakuumpumpen – idealerweise mit Kühlfalle zur Schonung der Pumpe und der Raumluft – vermindert den Wasserverbrauch, den Anfall von Abwasser und die Abwasserbelastung allerdings noch effizienter.

Die getrennte Sammlung von nicht als Sondermüll zu entsorgenden Mülls im Labor sollte Papier, Pappe (Anfall als Verpackungsmaterial von Chemikalien), sowie Styroporverpackungen und eventuell Plastik (nicht kontaminierte Pipettenspitzen) erfassen. Laborglas sollte aufgrund seines höheren Schmelzpunktes nicht zusammen mit normalem Weiß- oder Buntglas gesammelt werden. Die Rückgabe von Bruchglas von Laborgeräten ist bei der Fa. Schott möglich, wenn es sich um Duranglas handelt. Bei einfachen Beschädigungen (Risse, Sternchen) ist häufig eine Reparatur durch einen Apparateglasbläser möglich.

Papierwischtücher sollten aus Recyclingmaterial angeschafft werden. Papiereinsparung läßt sich durch beidseitiges Bedrucken von Papier bei Ergebnisprotokollen erreichen, wie es mit Druckern der neueren Generation problemlos zu bewerkstelligen ist. Es sei an dieser Stelle auch auf die Vorschläge zum Umweltschutz in Büros verwiesen.

Literatur

1. Lewis, S.M., B.Garvey, R.Manning, S.A. Sharp, J.Wardle. Lauryl sulphate haemoglobin: a non-hazardous substitute for HiCN in haematology. *Clin. lab. Haemat.* 13: 279–290, 1991.
2. Martin, R. et al. A highly sensitive, non-radioactive DNA labelling and detection system. *Bio Techniques* 9: 762–768, 1990.
3. Sand, T. New Labels; their importance in current and future immunoassays. 22nd Nordic Congress in Clinical Chemistry, Trondheim, Norway. *Scand. J. Clin. Lab. Invest.* 50, supplement 202, 1990.
4. Pardue, K.J. Reduzieren Sie das Volumen Ihres Ethidiumbromid-Abfalls mittels polymergefüllten Adsorber-Kartuschen. *Supelco Rep.* 4: 6–7, 1992.
5. Dolan, J.W. Solvent Recycling. *LC*GC* 7: 14–15, 1992.
6. Nosko, S. Ökonomische Aspekte beim Recycling von Lösungsmitteln. *Labor-Praxis* 9: 1–7, 1991.
7. Nosko, S., D.Burger. Recycling von Lösungsmittel-Gemischen. *LaborPraxis* 2: 51–55, 1993.
8. Stein, U., S.Murr, F.Daschner. Flüssigabfälle aus klinisch-chemischen Analysegeräten – Ordnungsgemäße Entsorgung. *Krankenhaus Technik* 2: 42–46, 1993.
9. Voigt, T. Schadstoffe im Krankenhaus – Wege zur Vermeidung und Minimierung. Verwertung von Laborchemikalien. In: Das Krankenhaus der Zukunft (Leipzig, 26.–27. April 1993), Kongreßreader der B.A.U.M.-Tagung „Das Krankenhaus der Zukunft“.

Umweltschutz in der Arztpraxis

M. Dettenkofer

Wenn die Umwelt »krank« ist, können die Menschen nicht gesund bleiben. Daher gehört es zum Berufsethos und zur Aufgabe jeden Arztes, seinen Teil zum Umweltschutz beizutragen und zu lernen, umweltmedizinische Erkrankungen zu verhüten, zu erkennen und zu behandeln. Eine Arztpraxis, in der ökologische Aspekte berücksichtigt werden, ist ein hervorragendes Beispiel und Anreiz für viele Patienten, beim Umweltschutz aktiv mitzumachen.

Ökologischer Einkauf

Zunächst einmal werden überflüssige bzw. schädliche Produkte wie Chlorbleichlauge, Raumsprays oder Toilettensteine von den Bestellisten gestrichen. Durch die Wahl umweltfreundlicher Materialien stellt vor allem auch der Arzt die ökologischen Weichen bei der Herstellung, der Anwendung und Entsorgung von Produkten in die richtige Richtung. Der Hersteller sollte nicht nur verpflichtet werden, Angaben über Nutzen und Risiken seines Produktes zu machen, sondern er muß auch Informationen über Inhaltstoffe, eventuelle Umweltbelastungen bei der Herstellung oder Anwendung sowie bei der Entsorgung zur Verfügung stellen, insbesondere wenn er dazu aufgefordert wird. Ist er dazu nicht bereit, sollte man auf jeden Fall andere Produkte bevorzugen.

Die wichtigsten Aspekte des ökologischen Einkaufs in der Arztpraxis sind nachfolgend zusammengestellt.

- In der Regel Mehrwegprodukte bevorzugen, z. B. Nierenschalen, Putztücher oder Verbandsets (Scheren, Pinzetten); häufig ist Wiederaufbereitung bei gleichem Hygienestandard möglich und sinnvoll
- Vom Hersteller Angaben über Inhaltstoffe und Umweltverträglichkeit seiner Produkte und der Verpackungen anfordern; Kaufentscheidungen von ausführlichen Informationen abhängig machen
- Einkauf von Konzentraten und Produkten in Pulverform (z. B. Röntgenentwickler, Waschmittel)
- Produkte in nachfüllbaren Behältnissen vorziehen (z. B. Ultraschall-Gel in Mehrwegbehältern, das eine Apotheke am Ort herstellt)
- Verzicht auf Produkte, die schadstoffhaltig sind (z. B. Quecksilberthermometer, quecksilber- oder phenolhaltige Desinfektionsmittel, Spraydosen mit Treibgas aus FCKW)

- Toxische Chemikalien vermeiden (z. B. Benzol als Lösungsmittel)
- Einkauf von energiesparenden (Elektro-)Geräten (z. B. FCKW-freie Kühl- und Gefrierschränke mit bester Isolierung oder stromsparende Computer)
- Ersatz von Batterien in Kleingeräten durch Akkus (die neuen Nickel-Metallhydrid-Zellen, z. B. »GP Green Charge«, sind den schwermetallhaltigen Nickel-Cadmium-Akkus vorzuziehen)
- Produkte in aufwendigen Verpackungen meiden (z. B. Artikel in Einschweißfolie oder Verbundpackung wie beispielsweise einzeln verpackte Alkoholtupfer)
- Ökologisch bedenkliche Materialien vermeiden (z. B. Untersuchungshandschuhe aus PVC; statt dessen Latex- oder Polyethylen-Handschuhe verwenden)
- Produkte von Herstellern bevorzugen, die Verpackungen und Behältnisse zurücknehmen und wiederverwenden; Rückgabe von Füllmaterial (Styropor oder Schaumstoff-Chips u. ä.)
- Verzicht auf unnötige Hygieneprodukte wie Einweg-Überschuhe, Toilettensteine, Duftsprays
- Hygienepapier oder Papierauflagen für Untersuchungsliegen aus Recyclingmaterial einsetzen
- Keine Möbel aus Tropenhölzern kaufen, Massivholzprodukte gegenüber solchen aus Spanplatten bevorzugen.

Papier

Kaum ein Beruf erhält so viel Papier wie der Arzt, vor allem durch die vielen unangeforderten Werbesendungen, Zeitschriften, Reklamen, Kataloge usw., so daß der Papieranfall mit ca. 500 kg pro Jahr doppelt so hoch ist wie der sowieso schon enorme durchschnittliche Papierverbrauch der Deutschen.

Mit der Aufschrift »Zurück an den Absender« können ungewünschte Sendungen zurückgeschickt und sinnvoll »entsorgt« werden. Ein Eintrag in die sogenannte »Robinsonliste« des deutschen Direktmarketingverbandes (85187 Wiesbaden, Schiersteiner Str.) verhindert, daß Adressen zu Werbezwecken weitergegeben werden.

Der ökologische Vorteil von Recyclingpapier ist eindeutig: Neben der Schonung der Ressource »Holz« und einer Deponieentlastung werden ca. 90 % des Wasserverbrauches und der Abwasserbelastung sowie 80 % des Energiebedarfs eingespart. Nur für wenige Außnahmefälle wie z. B. für Dokumente sollte noch das weiße (chlorfrei gebleichte!) Papier verwendet werden, da auch dieses als »umweltfreundlich« bezeichnete Papier zu unnötigen Umweltbelastungen beiträgt, wenn auch durch die Sauerstoffbleiche die Bildung von toxischen chlororganischen Verbindungen wegfällt.

Man gewöhnt sich wirklich sehr schnell an das vornehme Grau des Recyclingpapiers.

Nachfolgend sind die wichtigsten Umweltschutzmaßnahmen beim Einsatz von Papier aufgeführt:
- Mitteilungen und Briefe doppelseitig beschreiben
- Leere Rückseiten als Konzept- bzw. Schmierpapier verwenden
- Weniger kopieren, vor allem doppelseitig kopieren, falls möglich auch verkleinert (kopiert ist nicht kapiert!)
- Recyclingpapier verwenden, auch zum Kopieren
- Mappen und Hefter aus Recyclingkarton einkaufen
- Keine aufwendigen Prospekte und Tagungsunterlagen annehmen, bei Sonderdrucken auf Recyclingpapier bestehen
- Beim Versenden möglichst kleine Umschläge benutzen (spart Portokosten)
- Falls möglich Postkarten verschicken.

Verpackungen

Aufwendige Verpackungen und solche aus bedenklichen Materialien, wie z.B. PVC, sollten der Vergangenheit angehören. Außendientsmitarbeiter der verschiedenen Hersteller sollen konsequent und immer wieder angesprochen werden, wenn sie nicht nur ein mehr oder weniger gutes Medikament mit dem Ärztemuster hinterlassen, sondern auch noch viel Verpackungsmüll. Nicht der Hersteller, sondern der Arzt muß dann die Müllentsorgung bezahlen. Vor allem Einwegbehälter aus Verbundstoffen sollen ersetzt und Produkte von solchen Herstellern bevorzugt werden, die Verpackungen zurücknehmen bzw. Mehrwegverpackungen einsetzen. Spenderflaschen für Händedesinfektionsmittel und Flüssigseifen können beispielsweise mehrmals nachgefüllt werden, wenn die Behälter saubergehalten und Seifen mit wirksamen Konservierungsstoffen verwendet werden. Neue Kanülenentsorgungsbehälter sind überflüssig. Für spitze Gegenstände, die in durchstichsicheren Behältnissen gesammelt werden müssen, können leere verschließbare Abfallkunststoffbehälter zum Einsatz kommen.

Zu weiteren Aspekten des ökologischen Einkaufs, z.B. von »Büromaterialien«, finden sich Hinweise auf Seite 42.

Wußten Sie schon?
- 40–50 % des Praxismülls besteht aus Papier
- Jeder Arzt in der Praxis erhält pro Jahr etwa 5 Zentner Zeitschriften und rund 13 000 Briefe und Drucksachen
- Herstellung von 1 t neuem Papier: ca. zwei Bäume und 120 000 l Wasser
- Herstellung von 1 t Recyclingpapier: keine Bäume und nur 15 000 l Wasser
- Jeder Arzt gibt in Haushalt und Praxis jährlich fast 600.– DM für Verpackungen aus
- Pro Jahr werden ca. 800 t FCKW bei der Produktion von Nitrospray verarbeitet.

Abfall

Neben der Bevorzugung abfallarmer Produkte ist insbesondere das korrekte, vorschriftsmäßige Trennen des »Praxismülls« nach den fünf Kategorien wichtig, die auf Seite 15 ausführlich beschrieben werden. Als Übersicht hierzu dient Tabelle 1 auf Seite 16. Wird die Trennung konsequent durchgeführt, lassen sich Sondermüll und infektiöse Abfälle, die aufwendig und kostspielig entsorgt werden müssen, weitgehend vermeiden.

Infektiöse Abfälle, die aufgrund von § 10 a Bundesseuchengesetz behandelt werden müssen, sind nach der Definition des BGA solche, die mit Erregern meldepflichtiger Krankheiten behaftet sind und durch die eine Verbreitung der Krankheit zu befürchten ist.

Die Verknüpfung mit *und* ist bedeutend: bei einigen meldepflichtigen Krankheiten kommen deren Erreger zwar im Abfall vor, es besteht jedoch keine Infektionsgefahr.

Nur solcher Abfall eines infektiösen Patienten ist als infektiöser Abfall zu entsorgen, der mit den entsprechenden Erregern verunreinigt ist, z. B. Stuhlproben von Patienten mit Typhus abdominalis oder Tücher mit Sputum eines an offener Lungentuberkulose Erkrankten, Infusionsflaschen, Zeitungen oder Verpackungsmaterialien fallen nicht hierunter. In die Gruppe der infektiösen Abfälle gehören auch mikrobiologische Kulturen.

Abfälle aus Klinik und Praxis enthalten meist 1000–10 000mal weniger Keime als normaler Hausmüll, da ihr Gehalt an Bestandteilen (z. B. Küchenabfällen) gering ist, die ein Keimwachstum fördern. Bei vielen Infektionskrankheiten findet zudem die größte Keimabsonderung in der dem Arztbesuch vorausgehenden Zeit oder während der ambulanten Therapie und nicht in der Praxis statt, in der gewöhnlich nur *wenige kg infektiöse Abfälle pro Jahr anfallen.* Als praktikable und kostengünstige Möglichkeit der Entsorgung kommt insbesondere die Autoklavierung in Betracht, die möglichst nach den Sprechstundenzeiten erfolgen sollte, um Geruchsbelästigungen zu vermeiden. Die so behandelten Abfälle können in den Hausmüll gegeben werden. Ausgaben für die Entsorgung durch kommerzielle Unternehmen lassen sich dadurch einsparen.

Arztpraxen in Deutschland sind mittlerweile an das sogenannte »Duale System« angeschlossen. Aus dem oben gesagten ergibt sich, daß gerade Praxismüll einen hohen Anteil recyclingfähiger Materialien (z. B. Papier) hat, die in jedem Fall der Wiederverwertung zugeführt werden sollten.

Tabelle 1 faßt die wichtigsten Regeln einer umweltfreundlichen Entsorgung in der Arztpraxis zusammen.

Tabelle 1. Umweltfreundliche Entsorgung in der ärztlichen Praxis

Abfallart	Entsorgung
Wertstoffe (Glas, Papier, Kunststoffe, Metalle)	In entsprechende Wertstoffbehälter (Recycling)
Organische Reststoffe (z.B. pflanzliche Speisereste, Blumen)	In Schnellkomposter oder auf den Komposthaufen
Verschließbare Abfallkunststoffbehälter	Verwendung als Sammelbehälter für scharfe oder spitze Gegenstände
Nicht vermeidbarer Restmüll (incl. verschlossener Behälter mit verletzungsgefährdenden Gegenständen oder Verbände etc.)	In den Hausmüll (Deponie)
C-Abfälle (»infektiöser Müll«)	Am besten thermisch desinfizieren, z.B. autoklavieren – nicht über Spezialunternehmen entsorgen; chemische Desinfektion nicht zulässig
Altmedikamente	Kleine Mengen kindersicher in den Hausmüll (unkenntlich machen), größere in die Apotheke

Umweltfreundliche Reinigung und Desinfektion

Durch ökologisch bewußte Reinigungs- und Desinfektionsmaßnahmen wird die Umwelt entlastet. Bei richtiger Auswahl der Mittel und Verfahren muß dabei keinerlei Abstrich beim Hygienestandard gemacht werden. Im Kapitel »Umweltschutz bei der Reinigung« auf Seite 101 finden sich hierzu nähere Hinweise.

Wasser- und Energieeinsparung

Auch in Gebieten mit einem ausgeglichenen Wasserhaushalt ist Wassersparen sinnvoll: Mit hohem Aufwand decken Versorgungsunternehmen den steigenden Bedarf an Trinkwasser (Durchschnittsverbrauch in Deutschland: über 150 l pro Tag und Person), von dem jedoch ein überwiegender Teil nur für Spülzwecke gebraucht wird. Wasserverschwendung ist an der Tagesordnung – so vergeudet z.B. ein tropfender Wasserhahn im Monat ca. 150 l Trinkwasser!

Die wichtigsten Wassersparmaßnahmen in der Arztpraxis sind:

- Wasserspararmaturen einsetzen (z.B. Einhebelmischer und selbstschließende Wasserhähne mit Druckknopf)
- WC-Spülkästen mit 6 Liter Inhalt reichen aus; eine Wasserstopptaste sollte obligatorisch sein

- Perlatoren mit Lufteinsprudelung und automatische Durchflußkonstanthalter an allen Wasserhähnen anbringen
- Wasserhähne regelmäßig kontrollieren, tropfende Armaturen zügig reparieren
- Chirurgisches Händewaschen nicht unter fließendem Wasser
- Betrieb von Wasch- und Geschirrspülmaschinen nur bei voller Beladung
- Häufig benutzte alte »wasserschluckende« Wasch- und Geschirrspülmaschinen gegen effiziente Neugeräte austauschen
- Bei Neu-/Umbauten Regenwassernutzung für Spülzwecke erwägen.

Weitere ausführliche Hinweise zum Thema »Wasser« finden sich auf Seite 137.

Die *rationelle Verwendung und Einsparung von Energie* steht auf der Liste ökologischer Maßnahmen ganz oben: noch immer werden große Mengen Erdöl und -gas zum Fenster hinaus verfeuert. Daß eine gute Wärmeisolierung einen großen Effekt bewirken kann, zeigen die schwedischen Erfahrungen mit Niedrigenergie-Häusern, die dort Baustandard sind.

Um einem sogenannten »Sick- oder Tight-Building Syndrom« vorzubeugen, ist neben der Verwendung schadstoffarmer Baumaterialien auf eine ausreichende (Stoß-)Belüftung zu achten. Zimmerpflanzen können die Innenraumluftqualität deutlich verbessern. Durch eine Reihe von z.T. verblüffend einfachen Maßnahmen kann elektrische Energie eingespart werden; nähere Angaben hierzu sind auf Seite 143 zu finden.

Wichtige Energiesparmaßnahmen in der Arztpraxis sind:

- Raumtemperatur nicht über 20 °C, in Nebenräumen darunter
- Temperaturabsenkung bzw. Heizungsabschaltung während der Nacht und an Wochenenden
- Warmwassertemperatur nicht über 45 °C einstellen (praktisch keine Legionellengefahr in Arztpraxen)
- In der Heizperiode Lüftung nicht durch offene Kippfenster, sondern durch »Stoßlüften«; bei Neubauten (Niedrigenergiestandard!) Einbau einer Lüftungsanlage mit Wärmerückgewinnung erwägen
- Undichte Fenster- und Türdichtungen erneuern; Einscheibenverglasung durch Wärmeschutzverglasung ersetzen
- Nachts Jalousien herunterlassen (bis 10 % Energieeinsparung)
- Tageslicht nutzen (dichte Vorhänge vermeiden); für Grundbeleuchtung stabförmige Energiesparlampen, falls nötig Kompaktleuchtstofflampen mit elektronischem Vorschaltgerät einsetzen (auf richtige »Lichtfarbe« achten: warmweiß oder »biolux«)
- Waschtemperatur nicht über 60 °C wählen, Kochprogramme sind hygienisch nicht notwendig
- Nutzung alternativer Energiequellen anstreben (z.B. Sonnenenenergie zur Warmwasserbereitung als einfache und auf Dauer kostensparende Maßnahme)
- Für Fahrten und Besorgungen im Kurzstreckenbereich Dienstfahrrad anschaffen.

Ein wesentlicher Faktor beim Energieverbrauch sowie auch bei der Belastung der Luft mit Schadstoffen ist der *Verkehr*. Besonders der ausgeweitete Individual(Auto-)verkehr trägt in Ballungsgebieten vorrangig zur Luftverschmutzung bei. Eine fragwürdige Entwicklung zu immer schwereren und stärkeren Modellen hatte den Effekt, daß PKW im Mittel trotz aller technologischer Verbesserungen pro gefahrenen Kilometer heute noch ebensoviel Treibstoff verbrauchen wie vor 15 Jahren! Der deutsche Ärztetag hat sich 1991 für ein generelles Tempolimit ausgesprochen – eine Forderung, die nach wie vor auf ihre Einlösung wartet, obwohl dadurch erhebliche Mengen an Kraftstoff eingespart und Emissionen vermindert werden können, ganz abgesehen von der geringeren Unfallgefahr.

Niedergelassene Ärzte sollten sich für gute öffentliche Verkehrsbedingungen zu ihrer Praxis einsetzen und lokale Fahrpläne im Warte- oder Eingangszimmer aushängen. Die Zeitschriftenauslage bietet übrigens die Möglichkeit, den Patienten wertvolle Informationen zum Thema »Ökologie« und »Umweltschutz« zur Verfügung zu stellen.

Abschließend ist nochmals zusammengestellt, was nicht in eine Arztpraxis gehört, in der aktiver Umweltschutz betrieben wird:

Checkliste: Was gehört nicht in eine ökologisch orientierte Arztpraxis?

- Einwegmaterialien, die ökologisch sinnvoll und kostengünstiger durch Mehrweg-Produkte ersetzt werden können (z. B. Patientenunterlagen)
- Ein »General-Mülleimer« für alle Abfallsorten (Abfall trennen!)
- Spezialbehälter von Entsorgungsfirmen für infektiösen Abfall und Entsorgungsverträge mit solchen Firmen
- Plastiksäcke in (Büro-)Papierkörben
- Chlor- oder phenolhaltige Desinfektionsmittel; Fußbodendesinfektionsmittel (mit Ausnahme beim ambulanten Operieren oder Endoskopieren)
- Quecksilberthermometer (Digitalthermometer beschaffen)
- Untersuchungshandschuhe aus PVC (durch Latex- oder PE-Produkte ersetzen)
- Batterien für Kleinelektrogeräte (in der Regel Akkus verwenden)
- Spraydosen (insbesondere solche mit FCKW-Treibmitteln)
- Herkömmliche Glühbirnen zur Dauerbeleuchtung (durch elektronische Energiesparlampen ersetzen)
- Fenster mit Einscheibenverglasung (Wärmeschutzverglasung einsetzen)
- Toilettenspülbecken ohne Wasserspartaste; Toilettensteine
- Wasserhähne ohne Perlatoren, Duschen ohne Durchflußregler
- Werbegeschenke in aufwendiger Verpackung und aus umweltschädlichen Materialien
- Hochglanzprospekte und -zeitschriften
- Briefumschläge und Notizblöcke aus weißem Papier (wo immer möglich Recyclingpapier verwenden)
- Einweg-Kugel- und Faserschreiber.

Umweltschutz bei der Reinigung

L. Brinker

Die Deutschen sind die absoluten Putz- und Waschweltmeister. In Deutschland werden weltweit mit Abstand die meisten Wasch- und Reinigungsmittel verwendet.

Reinigungs- und Waschmittel	Verbrauch [t/a]
• Glasreiniger	20 000
• Sanitärreiniger	25 000
• Scheuerpulver	25 000
• WC-Reiniger	40 000
• Spezialreiniger	50 000
• Tenside	300 000
• Weichspüler	400 000
• Waschmittel	700 000

Umweltschonende Reinigungsmittel

Reinigungsmittel sind Mittel, die Fremdstoffe von Materialien entfernen. Für bestimmte Einsatzzwecke (Sanitärbereich, Fußbodenart, Fensterreinigung) gibt es eine Vielzahl von verschiedenen Produkten mit unterschiedlichen Inhaltsstoffen. Beim Einkauf von Reinigungsmitteln sollten die Hinweise aus dem Kapitel »Ökologischer Einkauf« (siehe Seite 48) beachtet werden. Für bestimmte Einsatzzwecke gibt es Mittel, die aufgrund ihrer hohen Umweltbelastung und geringen Gebrauchstauglichkeit, nicht mehr eingesetzt werden sollten. Folgende Reinigungsmittel sollten überhaupt nicht mehr eingesetzt werden:

Grundreiniger

Grundreiniger sind hochalkalische, lösemittelhaltige Reiniger, die zur Entfernung alter Pflegefilme, Bodenbeläge und hartnäckiger Verschmutzung in hohen Anwendungskonzentrationen eingesetzt werden. Als Lösemittel können Butylglykol, Xylol oder Toluol enthalten sein. Grundreiniger belasten in hohem Maße die Gesundheit und die Umwelt. Sie sind deshalb weitestgehend durch Allzweckreiniger zu ersetzen.

Fußbodenbeschichtungen

Fußbodenbeschichtungen werden zur Schonung und wegen der besseren Reinigungsmöglichkeit des Bodens aufgetragen. Sie können durch Tritt und Desinfektionsmittel zerstört werden. Durch Alterungsprozesse werden sie porös und lassen sich nicht mehr aufpolieren. Die Strapazierfähigkeit der Fußbodenbeschichtungen nimmt von Wachsen über Kunststoffe bis hin zu zinkvernetzten Polymeren zu. Je strapazierfähiger die Beschichtung, um so aufwendiger und umweltbelastender ihre Entfernung. Die Wiederaufbereitungsmöglichkeit und Polierfähigkeit sinkt mit der Strapazierfähigkeit. Alle Fußbodenbeschichtungen müssen in Intervallen mittels Grundreinigung oder durch aufwendiges Abspanen entfernt werden. Da einige Emulsionen Lösemittel enthalten und die notwendige Grundreinigung zu einer erheblichen Umweltbelastung führt, sollte auf Fußbodenbeschichtungen weitestgehend verzichtet werden.

Wischpflegemittel mit Wachs oder wasserunlöslichen Polymerdispersionen

Wischpflegemittel reinigen und pflegen den Boden in einem Arbeitsgang. Herkömmliche Wischpflegemittel bilden einen Schutzfilm, der verkrustet und grundgereinigt werden muß. Sie haben eine geringe Reinigungswirkung. Statt dessen sollten seifenhaltige Wischpflegemittel eingesetzt werden. Sie haben eine hohe Reinigungswirkung und bilden einen dünnen Schutzfilm aus Kalkseifen, der sich aufpolieren läßt. Dieser Film läßt sich mit einem herkömmlichen Alkoholreiniger entfernen. Das gleiche gilt für Wischpflegemittel auf Basis von wasserlöslichen Polymeren.

Cleaner

Cleaner enthalten reinigungwirksame Substanzen (Tenside, Alkalien, Lösemittel) und Pflegemittel (vorwiegend Wachse). Je nach Bodenart und Einsatzgebiet enthalten sie Lösemittel in unterschiedlich hohen Konzentrationen. Sie werden auf den Boden gesprüht und eingerieben. Cleaner dienen zur Entfernung von Verschmutzungen und zur Sanierung von Wachsfilmen. Verzichtet man auf Fußbodenbeschichtungen und Pflegefilme, kann auf Cleaner ebenfalls verzichtet werden.

Wachsfluate

Fluate dienen zur Oberflächenbehandlung von Steinböden. Wachsfluate enthalten Lösemittel. Die auf dem Boden verbleibende Wachsschicht kann nur durch eine Grundreinigung entfernt werden. Aus diesen Gründen sollte auf deren Einsatz verzichtet werden. Will man bei Steinfußböden auf eine Oberflächenbehandlung nicht verzichten, sollten Steinfluate eingesetzt werden. Diese reagieren mit der Oberfläche des Steins und versiegeln so den Boden. Eine Grundreinigung ist nicht erforderlich. Da es sich um stark ätzende Mittel handelt, ist geeignete Schutzkleidung zu tragen.

Scheuerpulver

Scheuermittel reinigen im wesentlichen durch die mechanische Wirkung der Abrasivstoffe. Bleichkomponenten sind unnötig. Pulverförmige Mittel mit harten Abrasivstoffen können die Oberflächen des Materiales schädigen. Es sollten deshalb flüssige Scheuermittel (z. B. Ecofix von Pramol, Rilan Scheuermilch von Henkel) mit weichen Abrasivstoffen (z. B. Marmormehl) und ohne Bleichkomponenten eingesetzt werden.

Desinfektionsreiniger

In der Regel kann man auf Desinfektionsreiniger verzichten. Ist eine Desinfektion wirklich erforderlich, sollte ein Desinfektionsmittel eingesetzt werden. Nur bei Arbeitsplatten im Küchenbereich ist der Einsatz von Desinfektionsreinigern sinnvoll. Im Sanitärbereich ist die Reinigung ausreichend.

WC-Reiniger

Karbonathaltige WC-Reiniger mit Natriumhydrogensulfat und Tensiden täuschen durch Aufschäumen des Pulvers einen Reinigungseffekt vor. Das Abwasser wird jedoch durch die Karbonate und die Sulfate erheblich und noch dazu unnötig belastet. Der Aufschäumeffekt hat keine reinigende Wirkung.

Im Sanitärbereich sollten saure Sanitärreiniger auf Basis von Zitronensäure oder herkömmliche Allzweckreiniger (z. B. SR 13, Difotan) eingesetzt werden. Bei Einsatz von Essigsäure ist darauf zu achten, daß diese korrosiv auf Kupfer und Messing wirkt und deshalb Armaturen schädigen kann. Essigreiniger sind also nicht unbedingt als Mittel erster Wahl zu empfehlen.

Rohrreiniger

Die hochalkalischen Mittel enthalten metallisches Aluminium, das unter Gas- und Hitzebildung mit Sauerstoff reagiert, dabei werden auf Wasserlebewesen toxisch wirkende Aluminiumionen gebildet. Zudem besteht die Gefahr der Verätzung bei der Anwendung. Gummidichtungen können zerstört werden und die Umwelt wird durch die hohe Alkalität belastet. Mit Wassersauger, Saugglocke und Spirale lassen sich Rohrverstopfungen umweltfreundlicher beseitigen.

Grillreiniger

Grillreiniger enthalten in der Regel Glykolether als Lösemittel. Wegen der daraus erwachsenden Gesundheitsgefährdung sollte auf sie verzichtet werden.

Becken-Urinalsteine

Eine Desinfektionswirkung geht von den WC-Steinen nicht aus. Das Abwasser wird nur unnötig belastet.

Bei der Benützung von Geschirrspülmaschinen und Desinfektionsautomaten sollte folgendes beachtet werden:

Reiniger für Desinfektionsautomaten

Es sollten nur milde alkalische Produkte verwendet werden. Der Einsatz von aldehydhaltigen oder chlorabspaltenden Desinfektionsmitteln (z. B.: Sumazon EH, Neodisher Alka 300, Neodisher Septo DA, Neodisher A8) belastet die Umwelt unnötig.

Reiniger für Geschirrspülmaschinen

In Haushaltsgeschirrspülmaschinen sollten alkalische Reiniger (z. B. Sun Progress, Maschinengeschirrspülmittel der Firma Awalan) zum Einsatz kommen, die zur Entfernung von hartnäckigen Flecken (Kaffee- und Teeflecken) ein sauerstoffabspaltendes Reinigungsmittel enthalten können.

In gewerblichen Geschirrspülmaschinen sollte mit einem alkalischen Reiniger (z. B. Sumazon EF, Sumazon Liquid SV der Firma Lever Sutter) gereinigt werden. Kann bei ungenügender Fleckenentfernung auf ein chlorabspaltendes Bleichmittel nicht verzichtet werden, sollten Kaffee- und Teegeschirr damit getrennt gereinigt werden. Wenn man braunes Kaffee- oder Teegeschirr verwendet, muß man weniger umweltschädliche Geschirrspül- oder Bleichmittel einsetzen.

Klarspüler und Netzmittel

Bei Verwendung von hochalkalischen Reinigern in den Geschirrspülmaschinen muß in der Regel mit einem sauren Klarspüler neutralisiert werden. Herkömmliche Netzmittel sind tensidhaltige Mittel, die ins Spülbad gegeben werden, damit das Spülgut besser und schneller abtrocknet. Sie sollten nur zum Reinigen von Gläsern eingesetzt werden. Organische Säuren haben ebenfalls eine benetzende Wirkung und sind ausreichend.

Umweltschonende Hausreinigung

Neben dem Einsatz von gebrauchstauglichen und ökologisch sinnvollen Mitteln läßt sich durch Einsatz bestimmter Verfahren die Abwasserbelastung bei der Hausreinigung deutlich verringern.

Dosierung

Bei der Reinigung und der Desinfektion wird sehr häufig die Schußmethode nach dem Prinzip »viel hilft viel« angewandt. Gerade in diesem Bereich ist aber eine genaue Dosierung sehr wichtig. Insbesondere Desinfektionsmittellösungen sollten nicht ohne Dosiereinrichtung angesetzt werden, da eine Überdosierung zu einer erheblichen Umweltbelastung führt und die unterdosierte Lösung keine desinfizierende Wirkung hat. Konzentrate dürfen ebenfalls wegen der Gefahr der Überdosierung auf keinen Fall ohne Dosierungseinrichtung verwendet werden. Als Dosiereinrichtung können Meßbecher, aufschraubbare Dosierkappen, Dosierpumpen und zentrale Dosierstationen verwendet werden.

Vorreinigung

In einigen Bereichen ist zum Anlösen des Schmutzes oder zum Aufnehmen von groben Verunreinigungen eine Vorreinigung erforderlich. Die zur Vorreinigung angebotenen dünnen Tücher oder Vliese sollten wiederverwendbar sein. Hierzu ist eine Beständigkeit gegenüber einem thermischen Waschverfahren erforderlich. Werden die Tücher feucht geliefert, sollten sie keine Konservierungsmittel enthalten.

Bezugswechsel-Verfahren

Im Gegensatz zum Bezugswechsel-Verfahren wird bei der herkömmlichen Zwei-Eimer-Methode ein Wischmop in eine Reinigungslösung getaucht und dieser ausgepreßt. Nach dem Wischen wird der Mob in einem Eimer mit Schmutzlösung gereinigt, ausgepreßt und wieder in die Reinigungslösung getaucht. Da die Reinigungslösung rasch verschmutzt, muß sie regelmäßig ausgetauscht werden. Der Verbrauch an Reinigungslösung ist bei dieser Methode sehr hoch.

Beim Bezugswechsel-Verfahren wird ein Bezug in eine Reinigungslösung getaucht und auf einem Sieb leicht abgetropft. Nach Beendigung des Wischvorganges wird mit einem neuen Mop die restliche Flüssigkeit vom Boden aufgenommen. Mit dem Wechseln der Bezüge nach jedem Zimmer ist ein optimaler Reinigungserfolg ohne Keimverschleppung in das nächste Zimmer möglich. Die Bezüge wiegen weniger als herkömmliche Fransenmops,

Tabelle 1. Reinigungslösungsverbrauch pro Tag für verschiedene Reinigungsverfahren

zu reinigende Fläche	2-Eimer-System		Bezugswechsel-Verf.		Einsparung			
	Wasser-verbrauch	Reiniger-verbrauch	Wasser-verbrauch	Reiniger-verbrauch	Wasser		Reiniger	
1 m^2	0,18 Liter	1,3 ml	0,02 Liter	0,08 ml	0,2 Liter	89 %	1,21 ml	94 %
25 m^2	4,6 Liter	32,2 ml	0,5 Liter	1,96 ml	4,1 Liter	89 %	30,25 ml	94 %
50 m^2	9,2 Liter	64,4 ml	1,0 Liter	3,92 ml	8,2 Liter	89 %	60,50 ml	94 %
100 m^2	18,0 Liter	128,8 ml	1,9 Liter	7,84 ml	16,4 Liter	89 %	121,00 ml	94 %
500 m^2	92,0 Liter	644,0 ml	9,7 Liter	39,18 ml	82,2 Liter	89 %	604,98 ml	94 %

da jedoch mehr anfallen, ist der Wäscheanfall bei dieser Reinigungsmethode geringfügig höher. Der Verbrauch der Reinigungslösung verringert sich deutlich, da diese nicht verschmutzt und ganz aufgebraucht werden kann (siehe Tabelle 1). Zudem erhöht sich die Flächenleistung mit dieser Reinigungsmethode wesentlich. Dies sind die herausragenden Vorteile des Bezugswechsel-Verfahrens.

Eine Variante des herkömmlichen Bezugswechselverfahrens mit einem Verbrauch von zwei Bezügen je Zimmer ist die Verwendung von drei Bezügen für zwei Zimmer. Der Bezug mit dem die überschüssige Flüssigkeit vom Boden aufgenommen wird, wird zur Reinigung des nächsten Zimmers verwendet. Dort wird fehlende Flüssigkeit aus einem Behälter auf den Bezug gegeben. Hierdurch läßt sich der Verbrauch an Bezügen um ein Drittel senken. Der einzige Nachteil des Bezugswechsel-Verfahrens, nämlich der höhere Wäscheanfall, wird hierdurch relativiert.

Feuchtwischmethode

Die Feuchtwischmethode ist, wann immer möglich, der Naßreinigung vorzuziehen. Der Schmutz wird mittels feuchter Baumwollfransen, Vliestüchern oder ähnlichen Tüchern, die angefeuchtet sind, entfernt. Durch das feuchte Wischen läßt sich der Verbrauch an Reinigungslösungen erheblich reduzieren und da diese nicht verschmutzt, wird sie wie bei der Bezugswechselmethode vollständig aufgebraucht. Die Wischtücher müssen nach jedem Zimmer ausgetauscht werden.

Für stark verschmutzte Bereiche ist dieses System nicht geeignet. Deshalb kann auf das Naßwischverfahren nicht vollständig verzichtet werden. In diesen Bereichen ist es möglich, beide Verfahren nach dem Intervallprinzip (z. B. 3× feucht, 2× naß) einzusetzen. Es empfiehlt sich ebenfalls der Einsatz einer Reinigungsmethode, mit der es möglich ist, je nach Verschmutzungsgrad die benötigte Menge der Reinigungslösung in das Wischtuch zu dosieren (z. B. System WGS, siehe Abb. 1). Aus einem Vorratsbehälter, der sich im Stiel befindet, wird je nach Bedarf eine bestimmte Menge an Reinigungsmittellösung in das Wischtuch gegeben (siehe Abb. 2). Die Reinigungslösung wird dabei ebenfalls vollständig verbraucht.

Abb. 1. WGS System

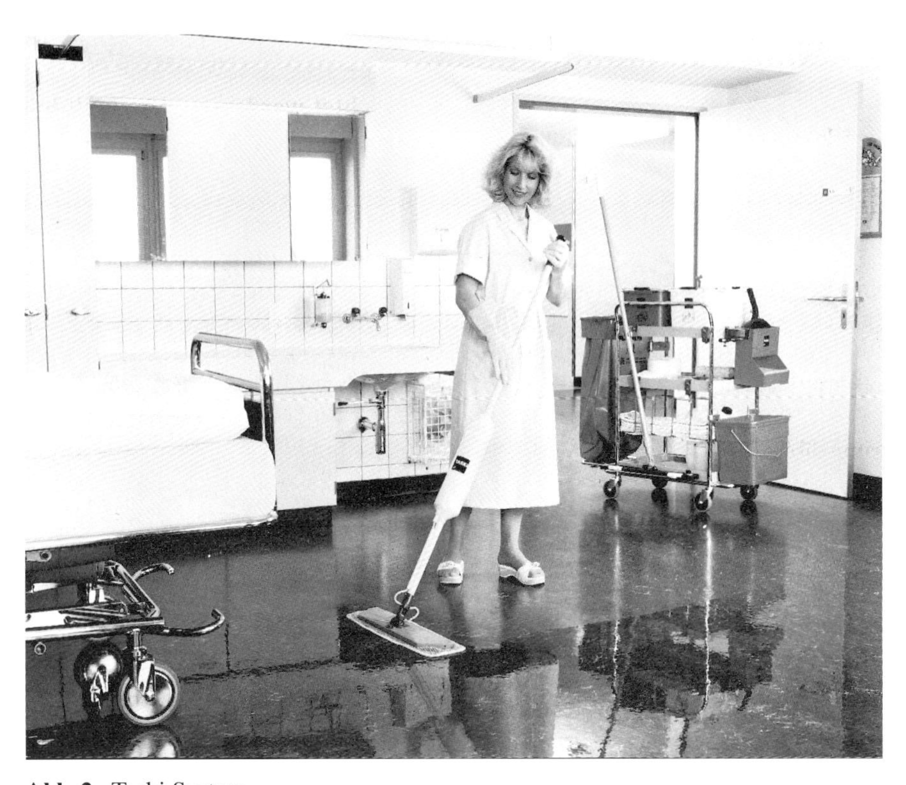

Abb. 2. Taski System

Umweltschutz beim Waschen

L. Brinker

Ein hoher hygienischer Standard kann in der Klinikwäscherei auch mit niedrigen Waschtemperaturen, Haltezeiten und weniger Chemie als bisher häufig üblich erreicht werden. Der Wäsche als Infektionsgefahr für den Patienten im Krankenhaus ist in der Vergangenheit ein viel zu hoher Stellenwert beigemessen worden. Ökologische und ökonomische Gesichtspunkte müssen heutzutage mehr berücksichtigt werden. Umweltschutz in der Wäscherei bedeutet dabei vor allem, umweltfreundlichen Waschmitteln und -verfahren den Vorzug zu geben.

Umweltschonende Waschmittel

Beim Einkauf von Waschmitteln sollten die speziellen Hinweise im Kapitel »Ökologischer Einkauf« (siehe Seite 48) beachtet werden, generell gilt folgendes:

Bleichmittel

Während des Waschvorganges müssen Bleichmittel zur Entfernung der Flecken eingesetzt werden. Bisher ist es in Großwäschereien waschtechnisch noch nicht möglich, auf diese vollständig zu verzichten. Durch optimale Dosierung kann jedoch ihr Einsatz auf ein Minimum reduziert werden. Im Universitätsklinikum Freiburg konnten durch eine geringere Dosierung über 400 kg Bleichmittel im Jahr eingespart werden. Die Dosierung darf allerdings nicht so gering sein, daß der Anteil der Fleckenwäsche ansteigt. Zur Bleiche sollten aber nur die sauerstoffabspaltenden Bleichmittel Peressigsäure, Wasserstoffperoxid und Percarbonate eingesetzt werden.

Weichspüler

Beim Waschen ohne Weichspüler kommt es zu einer elektrostatischen Aufladung der Wäsche. Dadurch fällt die Wäsche schlechter aus der Maschine und läßt sich schlechter mangeln. Um diese elektrostatische Aufladung zu verhindern, werden Weichspüler eingesetzt. Sie enthalten in den meisten

Fällen kationische Tenside, die auf die Wäschefaser aufziehen. Seifen haben eine rückfettende Wirkung und verhindern ebenfalls die Aufladung der Wäsche. Durch Erhöhung der Konzentration der Seifen in der Waschlauge kann der Einsatz von Weichspülern reduziert werden. In Großwäschereien sollten seifenhaltige Basiswaschmittel und Weichspüler auf der Basis langkettiger Tenside eingesetzt werden.

Appreturmittel

Bei Schutzkleidung werden vielfach dem letzten Spülbad Appreturmittel bzw. Formspüler zugegeben. Diese Formspüler ziehen auf die Wäschefaser auf und geben dem Wäschestück eine steife Form. Sie werden beim nächsten Waschen wieder von der Faser gelöst und gelangen so ins Abwasser. Formspüler belasten unnötig die Umwelt. Auf ihren Einsatz kann verzichtet werden.

Ameisensäure

Schutzbekleidung wird überwiegend mit Ameisensäure angesäuert. Durch das Ansäuern soll ein Auskeimen von Sporen und damit eine Geruchsentwicklung durch mikrobielle Zersetzung des Körperschweißes beim Tragen der Schutzkleidung verhindert werden. Das letzte Spülbad sollte für Schutzbekleidung deshalb einen pH-Wert von ca. 6,5 haben. Ameisensäure hat eine starke lokale Reizwirkung, kann bei Verschlucken Leber- und Nierenschäden hervorrufen und muß deshalb als Gefahrstoff deklariert werden. Ameisensäure kann durch Zitronensäure ersetzt werden.

Detachiermittel

Detachiermittel werden an speziellen Detachierplätzen zur manuellen Fleckenbehandlung eingesetzt. Je nach Fleckenart können sie mehr oder weniger stark gesundheitsgefährdende Lösemittel, aber auch Flußsäure enthalten. Der Anwender ist stark gefährdet. Aus diesen Gründen sollten Detachierplätze geschlossen werden.

Umweltschonende Waschverfahren

Durch den Verzicht auf bestimmte Produkte läßt sich die Umweltbelastung, die mit dem Waschen verbunden ist, reduzieren. Aber auch durch Verfahrensänderung in der Wäscherei läßt sich die Abwasserbelastung deutlich verringern.

Beim Waschvorgang sind vier Faktoren beteiligt. Alle vier tragen zum Waschergebnis bei (siehe Abb. 1).

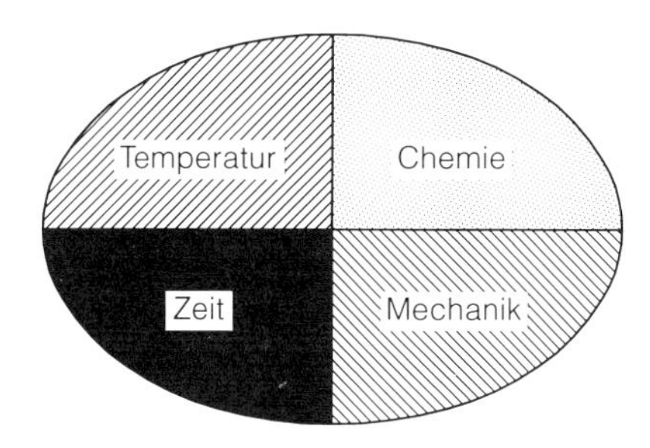

Abb. 1. Der Sinnersche Kreis

Wird ein Faktor klein gehalten, müssen die anderen Faktoren entweder alle oder nur jeweils einer erhöht werden. Durch neuere Waschtechnik kann z. B. der Faktor Chemie reduziert werden. Um die Umwelt möglichst wenig zu belasten, müssen bei den Waschverfahren folgende Punkte beachtet werden:

Baukastensystem

Basiswaschmittel, Wasserenthärter und Bleichmittel sollten getrennt dosiert werden. In Großwäschereien ist dies in der Regel der Fall. Die eingesetzten Basiswaschmittel enthalten jedoch Komplexbildner zur Wasserenthärtung. In den meisten Wäschereien wird das Waschwasser aber bereits enthärtet, das heißt, der größte Teil der Härte wird über den Wäscheschmutz eingetragen. Deshalb sollten Komplexbildner ebenfalls je nach Wasserhärte der Waschlauge zudosiert werden.

Desinfektion

Bleichmittel haben eine antimikrobielle Wirkung. Der Einsatz eines zusätzlichen Desinfektionsmittels ist deshalb unnötig. Zur einwandfreien hygienischen Wäscheaufbereitung ist eine Haltezeit von 10 Minuten bei einer Waschtemperatur von 60 °C ausreichend. Bei dieser Temperatur und Haltezeit werden die wichtigsten Erreger von Krankenhausinfektionen abgetötet.

Da jedoch bei einer Erhöhung der Temperatur auf 70 °C aufgrund der besseren Keimreduktion eine hygienisch einwandfreie Aufbereitung der Wäsche auch im Routinebetrieb einer Krankenhauswäscherei gesichert ist, ist diese Temperatur und eine Haltezeit von 5–7 Minuten zu empfehlen.

Chlorbleiche

Bei der Chlorbleiche kommt es in einer Nebenreaktion von aktivem Chlor mit organischen Substanzen zur Bildung von chlororganischen Verbindun-

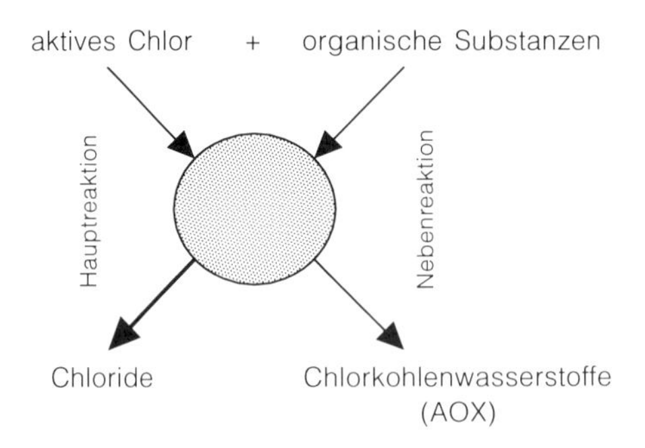

Abb. 2. Mögliche Reaktionen des freien Chlors

gen (siehe Abb. 2). Diese werden in der Abwassertechnik als adsorbierbare Halogenverbindungen (AOX) erfaßt. Um die Konzentration der AOX möglichst gering zu halten, sollte vermieden werden, daß freies Chlor mit hoch organisch belastetem Wasser (org. Schmutz) in Verbindung kommt. Deshalb muß die Chlorbleiche im Spülbad oder in der Spülzone durchgeführt werden. Hier ist die organische Belastung so gering, daß sich kaum AOX-Verbindungen bilden können. Das Chlorbad darf nicht ohne Behandlung ins Abwasser abgelassen werden. Deshalb sollte zu der Chlorlauge *noch in der* Maschine Wasserstoffperoxid gegeben werden. Aus dem freien Chlor entstehen über eine Reaktion mit dem Sauerstoff Chloride, die mit den in der Waschlauge enthaltenen Anionen Salze bilden. Chlorierte org. Verbindungen können nicht mehr entstehen, da kein freies Chlor mehr enthalten ist. Die Lauge kann in die Kanalisation abgelassen werden.

Für Krankenhauswäschereien besteht keine hygienische Notwendigkeit eine Chlorbleiche durchzuführen. Die routinemäßige Bleiche sollte mit Sauerstoffabspaltern durchgeführt werden.

Fleckenbehandlung

Bleichmittel auf der Basis von Sauerstoffabspaltern haben eine geringere Bleichwirkung als Chlorabspalter. Der Fleckenanteil in der sauberen Wäsche wird dadurch höher. Bei Fleckenwäsche, die nicht mit Patienten in Berührung kommt (z. B.: Geschirrtücher, Putzlappen), sollte auf die umweltbelastende Fleckenentfernung verzichtet werden. Die wenige zu behandelnde Fleckenwäsche (z. B.: Bettwäsche, Schutzbekleidung) sollte in der Wäscherei aussortiert und gesondert nachgewaschen werden. Je nach Fleckenart kann ein Reduktionsmittel (Natriumdithionit) oder ein Chlorabspalter eingesetzt werden.

Leitwertgesteuerte Dosierung der Waschmittel

Die Leitfähigkeit in der Waschlauge wird ermittelt und mit einem bestimmten Sollwert verglichen, es wird so lange Waschmittel zudosiert, bis die notwendige Leitfähigkeit erreicht wird. Hierdurch läßt sich eine erhebliche Mengenreduktion der eingesetzten Waschmittel erreichen, da diese Dosiertechnik genauer als die volumenbezogene Dosierung ist. Das System der leitwertgesteuerten Dosierung ist mittlerweile auch für die Zugabe der Waschhilfsmittel erhältlich.

Ausrüstungen

Unter Ausrüstung versteht man die Behandlung der Wäsche mit Mitteln, die auf die Faser aufziehen und somit während des Gebrauches oder des Tragens im Gewebe bleiben.

Die Ausrüstung der Wäsche mit Weichmachern und Wäschestärke ist oben dargestellt. Zur hydrophoben (wasserabweisenden) Ausrüstung der Wäsche werden Fluorcarbonharze eingesetzt. Da die Fluorcarbonharze nach jeder Wäsche wieder ausgewaschen werden und das Imprägnierbad ebenfalls in die Kanalisation gelangt, geht mit dem Einsatz der Fluorcarbonharze, die biologisch schwer abbaubar sind, eine erhebliche Abwasserbelastung einher. Es sollten, wenn überhaupt, deshalb nur Mischgewebe für OP-Abdeckungen mit Fluorcarbonharzen ausgerüstet werden.

Eine antimikrobielle Ausrüstung von Krankenhauswäsche ist im hohen Maße umweltbelastend und aus hygienischer Sicht unsinnig.

Ökologische Bewertung der Inhaltsstoffe von Wasch- und Reinigungsmitteln

L. Brinker

In Klinik und Praxis nehmen tägliche Hausreinigung und hygienisch einwandfreie Wäsche einen hohen Stellenwert ein. Ein glänzender Fußboden und strahlend weiße Wäsche erfreuen das Auge, haben jedoch mit Infektionsverhütung sehr wenig zu tun und sind überdies nur mit Einsatz zahlreicher Chemikalien zu erreichen. Wasch- und Reinigungsmittel gehören daher mengenmäßig zu den größten Gruppen der Verbrauchsgüter im Krankenhaus. Nicht weniger als 15 000 Wasch- und Reinigungsmittelrezepturen mit etwa 600 verschiedenen Inhaltsstoffen sind beim Umweltbundesamt registriert.

Aufgaben der Inhaltsstoffe

Im folgenden werden die wichtigsten Inhaltsstoffgruppen und ihre Aufgaben kurz dargestellt:

Tenside sind Stoffgemische, deren Moleküle einen hydrophilen und hydrophoben Teil aufweisen. Entsprechend ihrer Lösungsform unterscheidet man anionische, nichtionische und kationische Tenside. Sie setzen die Oberflächenspannung des Wassers herab, so daß tensidhaltige Lösungen Oberflächen besser benetzen. Tenside sind grenzflächenaktiv, daß heißt, sie lagern sich mit ihrem hydrophoben Teil an wasserunlösliche Schmutzpartikel an und machen diese durch ihren hydrophilen Teil wasserlöslich.

Eine weitere wichtige Stoffklasse sind die *Komplexbildner* oder *Gerüststoffe*. Sie dienen zur Verbesserung der Schmutzablösung und des Schmutztragevermögens der Reinigungslösung bzw. Waschflotte sowie zur Stabilisierung von Bleichmitteln. Als Komplexbildner enthärten sie das Wasser.

Lösemittel dienen zum Lösen von organischen Verunreinigungen wie z. B. Ölen, Fetten, Farben und Lacken.

Säuren werden eingesetzt, um Mineralablagerungen wie z. B. Kalk zu entfernen; *Alkalien* lösen organische Verunreinigungen.

Weiterhin können in Reinigungsmitteln *Abrasivstoffe, Konservierungs- und Pflegemittel* sowie *Duft- und Farbstoffe* enthalten sein.

Bleichmittel entfärben Farbflecken, indem sie die Struktur von Farbstoffen zerstören. Dadurch werden diese wasserlöslicher, so daß Farbflecken teilweise auch entfernt werden. Sie besitzen zusätzlich eine mehr oder weniger gute desinfizierende Wirkung. *Optische Aufheller* sind Stoffe, die weiße

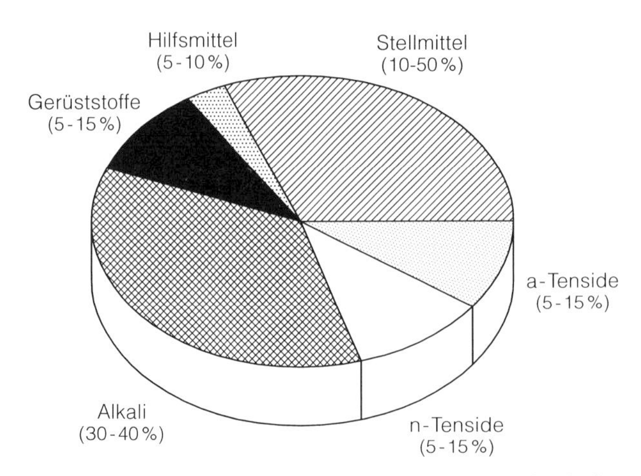

Abb. 1. Typische Zusammensetzung von phosphatfreien Waschmitteln

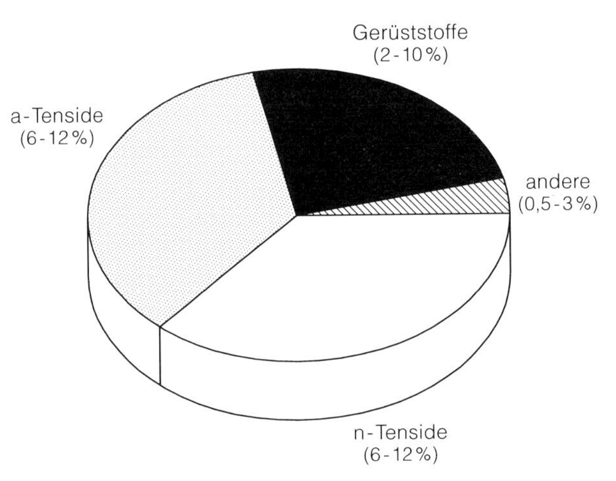

Abb. 2. Typische Zusammensetzung von Allzweckreinigern

Wäsche noch weißer *erscheinen* lassen, indem sie den aus ästhetischen Gründen störenden Gelbstich der Wäsche übertönen. *Vergrauungsinhibitoren* verhindern, daß abgetragener Schmutz in die Wäsche zurückzieht. *Enzyme* spalten eiweißhaltige Flecken wie z. B. Blut oder Milch. In pulverförmigen Waschmitteln sind zudem *Stellmittel* wie z. B. Glaubersalz enthalten. Sie geben dem Pulver die körnige Struktur und verhindern das Zusammenkleben des Waschmittels. In den Abbildungen 1–3 sind die typischen Zusammensetzungen eines Waschmittels, eines Allzweckreinigers und Sanitärreinigers dargestellt.

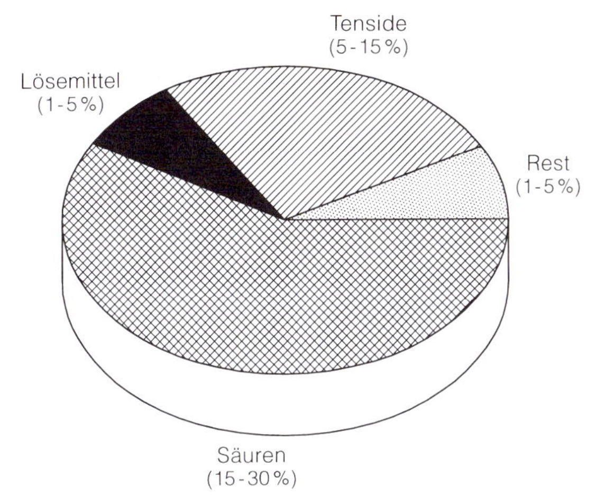

Abb. 3. Typische Zusammensetzung von flüssigen und sauren Sanitärreinigern

Ökologische Bewertung

Aufgrund ihrer physikalischen, chemischen und toxikologischen Eigenschaften sowie der zu erwartenden Produktionsmengen werden Stoffe zur Charakterisierung ihres Gefährdungspotentiales in vier Wassergefährdungsklassen (WGK) eingeteilt:

- WGK 0 = i. a. nicht wassergefährdend
- WGK 1 = schwach wassergefährdend
- WGK 2 = wassergefährdend
- WGK 3 = stark wassergefährdend

Die Wassergefährdungsklassen sind ein hilfreiches Kriterium zur Beurteilung der Umweltbelastung einzelner Stoffe. Im DIN-Sicherheitsdatenblatt gibt der Hersteller in den meisten Fällen eine Selbsteinschätzung über die WGK seines Produktes ab. Jedes Wasch- oder Reinigungsmittel, wie ökologisch es auch zusammengesetzt sein mag, ist immer umweltbelastend. Würde die Umweltbelastung als einziges Kriterium für ein Wasch- und Reinigungsmittel herangezogen, wäre nur Wasser als Inhaltsstoff akzeptabel. Es geht deshalb prinzipiell darum ein Mittel auszuwählen, das umweltverträglich *und* trotzdem gebrauchstauglich ist. Die in Tabelle 1 dargestellte Bewertung der Wasch- und Reinigungsmittelrezepturen soll lediglich eine Entscheidungshilfe für den Einkauf ökologisch sinnvoller Mittel sein. Unabhängig davon gibt es immer noch viele Wasch- und Reinigungsmittel, die aufgrund der Konzentration an bestimmten Inhaltsstoffen als problematisch einzustufen sind.

Tabelle 1. Bewertung verschiedener Inhaltsstoffe in Wasch- und Reinigungsmittel

Gruppe	Substanz	0%	bis 1%	bis 5%	bis 30%	über 30%
Tenside	k-Tenside					
	APEO					
	LAS					
	EO/PO Blockpolymere					
	amphotere Tenside					
	Seife					
	Fettalkoholsulfate					
	Fettalkoholethersulfate					
	Sek. Alkansulfonate					
	Sulfosuccinate					
	Fettalkoholethoxylate					
	Zuckertenside					
Komplexbildner	EDTA					
	NTA					
	Phosphonate					
	Polycarboxylate					
	Phosphate					
	Thioharnstoff					
	Zeolithe					
	Harnstoff					
Säuren	Flußsäure					
	Glyoxalsäure					
	Salzsäure					
	Schwefelsäure					
	Salpetersäure					
	Phosphorsäure					
	Ameisensäure					
	Amidosulfonsäure					
	Essigsäure					
	Milchsäure					
	Zitronensäure					
Alkali	Metasilikate					
	Kaliumhydroxid					
	Natriumhydroxid					
	Ammoniak					
Bleichmittel	Chlorabspalter					
	Perborat					
	Persulfat					
	Percarbonat					
	Peressigsäure					
Konservierungsmittel	Formaldehyd und Abspalter					
	Phenole					
	chlorierte Kohlenwasserstoffe					
	Isothiazolone					
	Cyano-Butan					
	Alkohol					
	Milchsäure					
	Natriumbenzoat					
	pHB-Ester					
	Benzoesäureverbindungen					
Lösemittel	chlorierte Kohlenwasserstoffe					
	Benzol, Xylol, Toluol					
	Methylglykol, Ethylglykol					
	andere Glykole					
	Ethanolamine					
	Alkohole					

Tabelle 1. (Fortsetzung)

Sonstige	para-Dichlorbenzol optische Aufheller Duftstoffe Farbstoffe Enzyme Treibgase		

nicht umweltbelastend oder gesundheitsgefährdend
gering umweltbelastend oder gesundheitsgefährdend
umweltbelastend oder gesundheitsgefährdend
stark umweltbelastend oder gesundheitsgefährdend

Inhaltsstoffe, die in Wasch- und Reinigungsmitteln nicht enthalten sein sollten (siehe Tabelle 2)

Kationische Tenside finden in Wäscheweichspülern sowie als Desinfektionswirkstoff (z.B. quaternäre Ammoniumverbindungen) Verwendung. Sie bilden mit anionischen Tensiden schwerlösliche Salze, die sich im Klärschlamm anreichern. Ihre Elimination aus dem Abwasser beruht zum großen Teil auf Adsorption an den Klärschlamm, tatsächlich sind sie schwer biologisch abbaubar. Sie sind hoch fischgiftig. Im Ablauf von Kläranlagen wurden zudem auf Reinwasserlebewesen toxisch wirkende Konzentrationen nachgewiesen.

Die *Alkylphenolethoxylate (APEO)* und die zu dieser Gruppe zählenden *Nonylphenolethoxylate (NPEO)* haben eine gute biologische Primärabbaubarkeit. Dies bedeutet, sie verlieren schnell ihre Grenzflächenaktivität. Bei ihrem Abbau entstehen jedoch persistente Metaboliten, die toxischer als die Ausgangstenside APEO bzw. NPEO sind. Die *linearen Alkylbenzolsulfonate (LAS)* sind seit Jahren die am häufigsten verwendeten anionischen Tenside. Sie enthalten bis zu ca. 5 % abbaustabile Verunreinigungen. Ein Großteil wird bei der Abwasserreinigung am Klärschlamm adsorbiert. Da LAS anaerob nicht abbaubar sind, wird der an Klärschlamm adsorbierte Anteil in der anaeroben Schlammbehandlung nicht abgebaut. Über den Austrag mit Klärschlamm sowie durch Restgehalte im Ablauf von Kläranlagen kommt es zur Anreicherung von LAS in der Natur. Speziell in Böden und in Flußsedimenten konnten nicht unerhebliche Konzentrationen nachgewiesen werden.

Ethylendiamintetraacetat (EDTA) galt wegen seines hervorragenden Komplexierungsvermögens lange als der Phosphatersatzstoff schlechthin. EDTA ist jedoch biologisch nicht abbaubar, reichert sich im Klärschlamm an und remobilisiert Schwermetalle aus den Sedimenten der Gewässer. Bei der Trinkwassergewinnung aus Uferfiltrat gelangt es ins Trinkwasser und bringt Schwermetalle ein. Zudem steht EDTA im Verdacht, Hautallergien auszulösen. *Nitrilotriacetat (NTA)* ist im Gegensatz zu EDTA biologisch abbaubar und bildet weniger stabile Komplexe. Es zeigt jedoch die gleiche Problematik der Anreicherung im Klärschlamm und somit die Möglichkeit der Schwermetallremobilisierung und der -verschleppung ins Trinkwasser.

Tabelle 2. Problematische Inhaltsstoffe von Wasch- und Reinigungsmitteln

Inhaltsstoff	Problem
Tenside	
kationische Tenside	– enthält schwer biologisch abbaubaren Anteil – mikrozid, können im Abwasser benötigte Organismen abtöten
APEO NPEO	– schlechter biologischer Totalabbau – Abbauprodukte toxischer als Tensid selbst
LAS	– enthält schwer biologisch abbaubare Verunreinigungen – anaerob nicht biologisch abbaubar
Komplexbildner	
Phosphate	– Eutrophierung der Gewässer – Elimination in der Kläranlage nur in der dritten Stufe
EDTA	– nicht biologisch abbaubar – Remobilisierung von Schwermetallen
NTA	– Verdacht der Remobilisierung von Schwermetallen
Phosphonate	– schwer biologisch abbaubar – können die Phosphatfällung behindern – geringer Eutrophierungseffekt
Bleichmittel	
Bleichmittel allgemein	– schädigen das Material
Bleichmittel auf Chlorbasis	– Bildung von Chlorgas bei unsachgemäßer Anwendung – Entstehung von Chlorverbindungen, die toxisch und schwer abbaubar sind
Perborat	– Zunahme der Borbelastung in Gewässern – wird teilweise mit EDTA oder NTA stabilisiert
Konservierungsmittel	
Aldehyde	– Verdacht der kanzerogenen Wirkung
chlorierte Phenole	– hoch chlorierte Phenole sind abbaustabil – anaerob schwer abbaubar – reichern sich im Belebtschlamm an – Verunreinigung mit chlorierten Dioxinen und Furanen

Tabelle 2. (Fortsetzung)

ausgewählte Zusatzstoffe	
para-Dichlorbenzol	– unnötig – biologisch nicht abbaubar – reichert sich im Fettgewebe an
optische Aufheller	– unnötig – schwer biologisch abbaubar – Allergien?
Farb-/Duststoffe	– unnötig
Enzyme	– Allergien?

Da über den Grad des biologischen Abbaus und über das Umweltverhalten keine gesicherten Daten vorliegen, sollte auf den Einsatz von NTA weitestgehend verzichtet werden.

Als *Konservierungsmittel* sollten wegen des Verdachtes einer kanzerogenen Wirkung keine Aldehyde eingesetzt werden. Chlorierte Phenole sind schwer biologisch abbaubar, sehr gesundheitsgefährdend und anaerob nicht abbaubar, sie sollten als Konservierungsmittel nicht mehr verwendet werden.

Bei Einsatz von *Chlorabspaltern* (Aktivchlor) entstehen Chlorkohlenwasserstoffe, die toxisch und schwer abbaubar sind. Bei unsachgemäßer Anwendung zusammen mit sauren Reinigern kann zudem hochgiftiges Chlorgas entstehen. Beim Einsatz von *Perboraten* kommt es, da Borat in der Kläranlage nicht zurückgehalten wird, zu einer Zunahme der Borbelastung in Gewässern. Zu hohe Borbelastungen stören das Wachstum von Wasserpflanzen. Zudem wird Perborat teilweise mit EDTA oder NTA stabilisiert, damit es bis zum Wasch- oder Reinigungsprozeß seine Aktivität nicht verliert.

Weiterhin gibt es eine Vielzahl von *Zusatzstoffen* in Wasch- und Reinigungsmitteln. Das in WC-Steinen enthaltene *para-Dichlorbenzol* dient allein der Geruchsverbesserung. Es hat keine Reinigungs- oder Desinfektionswirkung. Para-Dichlorbenzol ist biologisch nicht abbaubar und reichert sich in Fettgeweben von Fischen an. Auf WC-Steine sollte verzichtet werden, da sie unnötig sind.

Optische Aufheller sind biologisch schwer abbaubar und stehen in Verdacht, Krebs und Allergien auszulösen. Sie haben keine Waschwirkung und lassen lediglich Wäsche optisch sauberer erscheinen, indem sie diese weiß leuchten lassen. Bei farbiger Wäsche, z.B. OP-Wäsche, ist dieser Effekt nicht erwünscht. Bei Bauchtüchern ist der Einsatz von optischen Aufhellern in jeder Hinsicht unerwünscht.

Farb- und Duftstoffe sind unnötig. Farbstoffe sind im allgemeinen abbaustabil. Gelangen Duftstoffe ins Gewässer, können sie den Orientierungssinn von Wasserlebewesen stören.

Das Phosphatproblem

Mitte der 80er Jahre kam es in den Frühjahresmonaten zu vermehrtem Auftreten von Killeralgen, begleitet von Robbensterben in der Nordsee. Für diese Umweltkatastrophen wurde sehr schnell der überhöhte Phosphateintrag durch die stark belasteten, in die Nordsee mündenden Flüsse verantwortlich gemacht. Im speziellen kamen die Polyphosphate, die in Wasch- und Reinigungsmitteln als Komplexbildner eingesetzt werden, in Verruf.

Die in Wasch- und Reinigungsmitteln als Komplexbildner eingesetzten Phosphate trugen 1975 mit 41% zur gesamten Phosphorbelastung der Oberflächengewässer der BRD bei. Von allen Herstellern wurden daher im Laufe der Jahre phosphatfreie Produkte angeboten. Die Verantwortlichen der Universitätsklinik Freiburg beschlossen, phosphathaltige Produkte durch phosphatfreie zu ersetzen. Nachdem die Umstellung abgeschlossen war, wurde dieser Beschluß kurze Zeit später aus folgenden Gründen wieder umgestoßen:

Die Kläranlage, in der die Abwässer aus der Universitätsklinik Freiburg geklärt werden, verfügt seit Anfang 1992 über eine gut funktionierende Anlage zur Phosphorelimination. Die in Frage kommenden Phosphatersatzstoffe (Zeolithe, Polycarboxylate, Phosphonate, NTA) sind ökologisch bedenklicher oder über ihr Verhalten in der Umwelt und in der Kläranlage besteht noch Unklarkeit. Phosphate werden in der Kläranlage eliminiert und gelangen somit nicht in die Umwelt. Die Phosphatfällung mit Metallionen führt jedoch zu einer Aufsalzung der Gewässer. Auf Dauer wäre deshalb der Ersatz von Phosphat durch Citrat die sinnvollste Lösung. Problematisch ist bei Citrat jedoch das Nachlassen der Enthärterfunktion bei hohen Temperaturen, so daß der Einsatz nur in Reinigungsmitteln sinnvoll erscheint.

Die Universitätsklinik Freiburg beschloß dann, phosphathaltige Waschmittel und Reinigungsmittel, die entweder keine Komplexbildner oder Citrat enthalten, einzusetzen. Diese Entscheidung des Universitätsklinikums Freiburg ist im Moment sinnvoll, kann sich aber bei gesicherter Datenlage über die Phosphatersatzstoffe wieder ändern.

Inhaltsstoffe, deren Konzentration in Wasch- und Reinigungsmitteln reduziert werden sollte (s. Tabelle 2)

Phosphate sind für die Eutrophierung von Gewässern verantwortlich. Als begrenzender Faktor für das Wachstum von Pflanzen kommt es bei einem Überangebot im Wasser zum vermehrten Algenwachstum. Bei Verrottung dieser Biomasse wird Sauerstoff verbraucht. Sinkt die Sauerstoffkonzentration unter ein bestimmtes Niveau, verenden Fische und andere Wasserorganismen. Der Einsatz von Phosphaten ist nur zu akzeptieren, wenn die angeschlossene Kläranlage über eine dritte Reinigungsstufe zur Entfernung von Phosphaten aus dem Abwasser verfügt.

Phosphonate sind sehr starke Komplexbildner und biologisch schwer abbaubar. Sie reichern sich im Klärschlamm an. Sie tragen wie Phosphate, wenn auch nicht im selben Umfang, zur Eutrophierung bei. Über ihr Verhalten in der Umwelt liegen bisher nur wenige Informationen vor.

Bei der Hausreinigung kann weitestgehend auf Phosphate und Phosphonate verzichtet werden. Werden Komplexbildner eingesetzt, sind Produkte, die Zitronensäure enthalten, vorzuziehen.

Mikrozid wirksame Stoffe sollten in Wasch- und Reinigungsmitteln nur als Konservierungsmittel enthalten sein.

Die Menge der *Bleichmittel* läßt sich durch gezielten Einsatz reduzieren. Im Sanitärbereich sollten sie überhaupt nicht eingesetzt werden, in Küchen sollten sie nur zur Reinigung von Tee- und Kaffeegeschirr verwendet werden. Bei der Wäschebleiche werden die Fasern geschädigt, daher sollte in diesem Bereich die Bleiche auf ein Minimum beschränkt werden. Kann oder will man auf Bleichmittel nicht verzichten, sollten bevorzugt *Percarbonate* eingesetzt werden.

Enzyme sind mittlerweile in fast allen herkömmlichen Waschmitteln enthalten. Sie stehen in Verdacht, Hautallergien auszulösen. Für Allergiker sollte die Wäsche mit enzymfreiem Waschmittel gewaschen werden.

Umweltschonende Desinfektion

L. Brinker

Bei der Desinfektion kann die Umwelt- und Gesundheitsbelastung sehr hoch sein. Es gibt praktisch keine Desinfektionswirkstoffe, die umweltfreundlich und unschädlich sind. Umweltschutz bei der Desinfektion bedeutet deshalb vor allem, die Desinfektionsmaßnahmen auf ein zur Aufrechterhaltung eines guten Hygienestandards sinnvolles Maß zu beschränken.

In der Klinik

Es sind vorwiegend Desinfektionsmittel einzusetzen, die in der DGHM-Liste (Liste der von der Deutschen Gesellschaft für Hygiene und Mikrobiologie geprüften Desinfektionsmittel) aufgenommen sind. Auf eine richtige Dosierung muß unbedingt geachtet werden (keine Schußmethode). Es ist zu empfehlen, die Dosierung von Flächendesinfektionsmitteln automatisch über dezentrale Desinfektionsmittelzumischgeräte (siehe Abb. 1) durchzuführen. Dabei ist zu beachten, daß die Dosierung nicht zeitproportional, sondern mengenproportional gesteuert wird, da es bei der zeitproportionalen Dosierung je nach Versorgungsdruck im Trinkwasserrohrsystem zu unterschiedlichen Desinfektionslösungskonzentrationen kommen kann.

Viele heute noch in Kliniken praktizierte Flächendesinfektionsmaßnahmen sind hygienisch unnötig und außerdem noch umweltschädlich. Vom Fußboden geht keine Infektionsgefahr aus. Eine routinemäßige Fußbodendesinfektion sollte deshalb nur in folgenden Bereichen durchgeführt werden:

- Operationsräume
- Isolierräume
- Infektionsstationen
- »gelbe« Dialyseabteilungen
- Räume, in denen invasive Eingriffe vorgenommen werden

Die Flächen müssen scheuer- bzw. wischdesinfiziert werden. Eine Sprühdesinfektion ist nicht ausreichend. Eine Raumdesinfektion durch Verdampfen oder Vernebeln von Desinfektionsmitteln ist unnötig. In den meisten Flächendesinfektionsmitteln sind Reinigungskomponenten enthalten, so daß eine Reinigung bzw. die Verwendung eines speziellen Desinfektionsreinigers nicht notwendig ist.

Abb. 1. Desinfektionsmittelzumischgerät mit mengenproportionaler Steuerung (Dr. Trippen)

Unnötige Desinfektionsmaßnahmen in der Klinik

- Raumdesinfektion (Vernebeln oder Verdampfen von Formaldehyd, z. B. nach Todesfällen, septischen Operationen oder meldepflichtigen Erkrankungen)
- Sprühdesinfektion (Flächen, Oberflächen, z. B. von Bettgestellen, Matratzen, Kopfkissen, Infusionsständer) besser: Scheuerwischdesinfektion
- Routinemäßige Fußbodendesinfektion außerhalb des OP-Bereiches und in nicht infektionsrelevanten Patientenbereichen
- Routinemäßige Desinfektion, z. B. von Siphons, Bodenabläufen
- Routinemäßige Wischdesinfektion von Toilettensitzen, Duschen, Waschbecken und anderen Sanitärbereichen
  (Ausnahme: Benützung durch Patienten mit Infektionen und/oder bei sichtbaren Verunreinigungen)
- Routinemäßige Wischdesinfektion von Nachttischen, Wänden, Decken in nicht infektionsrelevanten Patientenbereichen
- Routinemäßige Bettendesinfektion
- chemische Desinfektion von z. B. Narkose-, Beatmungsgeräten und Inkubatoren in der Formaldehyddesinfektionskammer
- chemische Desinfektion von Reinigungsutensilien
- Luftdesinfektion mit UV-Lampen
- Desinfektion- und Klebematten, Plastiküberschuhe

Badewannen, Toiletten, Waschbecken, Siphons und Duschen müssen nicht routinemäßig desinfiziert werden. Eine Reinigung ist ausreichend. Falls eine sichtbare Kontamination mit infektionsverdächtigem Material erfolgt, wird diese mit einem desinfektionsmittelgetränkten Lappen oder Einwegtuch entfernt.

Die Desinfektion von Instrumenten und Schlauchmaterialien sollte maschinell und nicht manuell durchgeführt werden. Eine Desinfektion von OP-Schuhen ist nicht notwendig, die maschinelle Reinigung bei 60 °C mit einem mildalkalischen Reiniger ist ausreichend.

Unter Verweis auf die Unfallverhütungsvorschrift wird immer wieder behauptet, daß Gegenstände und Instrumente vor der Reinigung zuerst einmal desinfiziert werden müssen. Diese Ansicht ist grundsätzlich falsch, denn die UVV schreibt dieses Verfahren nur bei Instrumenten, bei deren Reinigung Verletzungsgefahr besteht, vor. In Kliniken empfiehlt sich die Reinigung vor Desinfektion entweder in einer einfachen Geschirrspülmaschine oder in einem Arbeitsgang in einer kombinierten Reinigungs- und Desinfektionsmaschine. Diese sind jedoch in aller Regel auf die vom Bundesgesundheitsamt empfohlenen Temperaturen und Haltezeiten, nämlich 93 °C 10 Minuten eingestellt. Derartig hohe Temperaturen und lange Haltezeiten sind jedoch nur für die Desinfektion beim Seuchenfall nötig, also wenn in einer Klinik eine Seuche, d.h. eine Epidemie von meldepflichtigen Infektionskrankheiten ausgebrochen ist bzw. der Amtsarzt eine seuchenhygienische Desinfektion angeordnet hat. Zur thermischen Desinfektion im Desinfektionsautomaten sind für die tägliche Routine 70 °C und eine Haltezeit von 5 Minuten ausreichend. Eine chemothermische Desinfektion bei 60–70 °C sollte nur für hitzeempfindliche Materialien durchgeführt werden.

In der Praxis

Die unnötigen Desinfektionsmaßnahmen in der ärztlichen Praxis sind in der nachfolgenden Aufzählung zusammengestellt. Eine routinemäßige Fußbodendesinfektion ist unnötig. Auch in der ärztlichen Praxis entstehen keine Infektionen vom Fußboden. Ein Toilettensitz muß nur dann desinfiziert werden, wenn die Toilette von einem Patienten mit infektiösem Durchfall benützt wurde *und*(!) dabei der Toilettensitz kontaminiert wurde. Duschen und Waschbecken müssen auch in der ärztlichen Praxis nicht routinemäßig desinfiziert werden; routinemäßig würde heißen, daß man 1 oder 2mal täglich die Dusche oder das Waschbecken mit einem desinfektionsmittelgetränkten Tuch auswischt. Wie unsinnig derartige routinemäßige Desinfektionsmaßnahmen sind, geht schon logischerweise aus der Tatsache hervor, daß ein Waschbecken von demjenigen, der es als Nächster benützt, wieder rekontaminiert wird und eine frisch desinfizierte Dusche vom nächsten Benützer, wenn er Fußpilz hat, mit Fußpilzen kontaminiert wird, so daß der übernächste Benützer schon wiederum keine frische Dusche mehr vorfindet.

Für die Flächendesinfektion von kleineren Flächen (z. B. Labortischen) empfiehlt sich in der ärztlichen Praxis die Verwendung von 70 %igem Isopropylalkohol, der billig in jeder Apotheke zu kaufen ist. Zur Händedesinfektion ist die Verwendung von 70 %igem Isopropylalkohol + 1% Glyzerin völlig ausreichend.

Unnötige Desinfektionsmaßnahmen in der Praxis

- Keine routinemäßige Desinfektion von Siphons, Toiletten, Waschbecken, Duschen
- Desinfektionsmittel nicht versprühen, sondern Scheuerwischdesinfektion
- Keine routinemäßige Fußbodendesinfektion, nur noch in OP- und Endoskopierräumen
- Keine Verwendung von phenolhaltigen Desinfektionsmitteln, Guanidinen, Quats, Schwermetallverbindungen oder Chlorabspaltern, sondern Einsatz von Sauerstoffabspaltern (ausgenommen Perborat), Alkoholen oder Aldehyden
- Nicht alle medizinischen Instrumente vor der Reinigung desinfizieren, sondern nur bei Verletzungsgefahr

Bettendesinfektion

Die Bettendesinfektion kann in den meisten Fällen durch eine gründliche Reinigung ersetzt werden. Dies zeigte eine prospektive Untersuchung an 1455 Betten im Universitätsklinikum Freiburg. Nur 0,7 % aller Betten im Krankenhaus waren von Patienten mit meldepflichtigen Krankheiten belegt, mußten also auf jeden Fall desinfizierend gereinigt werden. Der überwiegende Teil der Betten im Krankenhaus kann im hygienischen Sinne nicht von Hotelbetten unterschieden werden. Es ist daher nicht erforderlich, routinemäßig alle Betten im Krankenhaus zu desinfizieren. Der überwiegende Teil der Betten (Hotelbetten) im Krankenhaus ist weder mit Ausscheidungen und Körperflüssigkeiten des Patienten noch mit Essensresten, Staub, Gips, Salben usw. verschmutzt. Bei der zentralen Bettenaufbereitung wird der Verschmutzungsgrad bzw. die Notwendigkeit einer Desinfektion nicht berücksichtigt, sondern gering und stark verschmutzte Betten werden gleichbehandelt. Die manuelle Bettenaufbereitung bietet dagegen die Möglichkeit des differenzierten Vorgehens.

Im Universitätsklinikum Freiburg wurde ein Bettenreinigungsdienst (Fremdreinigung) eingeführt. Dieser kommt auf die Stationen zum Bett. Hierdurch entfallen lange Transportwege, die Aufzüge werden nicht belegt und es muß kein zusätzliches Transportpersonal eingestellt werden. Zusätzlich werden alle »Hotelbetten« mit einem grünen Punkt und »Infektionsbetten« mit einem roten Punkt gekennzeichnet, so daß das Reinigungspersonal weiß, welche Betten nur gereinigt oder scheuerwischdesinfiziert werden müssen. Durch die manuelle Bettenaufbereitung ergeben sich ökologische und ökonomische Vorteile.

Tabelle 1. Verbrauch von Wasser, Reinigungsmittel und Desinfektionsmittel pro Jahr im Universitätsklinikum Freiburg bei manueller bzw. vollautomatischer Reinigung/Desinfektion von Bettgestellen

Verbrauch	Manuelle Reinigung/ Desinfektion	Vollautomatische Reinigung/Desinfektion
Wasser	40191 Liter	703 346 Liter
Reinigungsmittel	100,5 Liter	3516,7 Liter
Desinfektionsmittel	251,2 Liter	502,4 Liter
Wasserverbrauch/Bett	0,8 Liter	ca. 14 Liter

Durch verbesserte Techniken ist in den letzten Jahren der Wasserverbrauch von Bettenreinigungsanlagen zwar deutlich gesunken, je nach Anlage liegt er deutlich unter 10 Liter pro Bett. Dennoch ist wegen des sehr geringen Wasser- und Reinigungsmittelverbrauchs sowie des geringen Energieaufwandes die Umweltbelastung durch die manuelle Bettenaufbereitung deutlich geringer (s. Tabelle 1).

Inhaltsstoffe von Desinfektionsmitteln

Als Desinfektionswirksubstanzen kommen vor allem Aldehyde, Alkohole, Biguanide, Halogene, Phenolderivate, quarternäre Ammoniumverbindungen sowie organische Schwermetallverbindungen in Frage. Bei der Desinfektion von kleineren Flächen sollten Alkohole den Aldehyden vorgezogen werden. Diese wiederum sollten quarternären Ammoniumverbindungen und Guanidinen vorgezogen werden. Die Abwassertoxizität der verschiedenen Desinfektionsmittel ist in Tabelle 2 aufgelistet. Die Abwassertoxizität nimmt von oben nach unten zu. Auf keinen Fall mehr sollten Desinfektionsmittel mit folgenden Wirksubstanzen eingesetzt werden:

Phenolderivate

Technisch hergestellte Phenole sind mit Dioxinen und Benzofuranen verunreinigt. Je höher sie chloriert sind, um so schwerer werden sie biologisch abgebaut. Phenole reichern sich im Klärschlamm an und werden in der anaeroben Schlammbehandlung nicht abgebaut. Phenolhaltige Desinfektionsmittel sind beispielsweise Amocid, Bornix, Bacillotox und Velicin forte.

Schwermetallverbindungen

Es handelt sich zum Teil um hochtoxische Substanzen. Organische Schwermetallverbindungen sind biologisch oder photochemisch schwer abbaubar und reichern sich im Belebtschlamm an. Darüber hinaus haben quecksilber-

Tabelle 2. Abwassertoxizität von Desinfektionsmitteln

	Abwassertoxizität von Desinfektionsmitteln
zunehmende Abwassertoxizität ↓	Wasserstoffperoxid
	Percarbonat, Persulfat
	Alkohol
	organische Säuren
	organische Sauerstoffabspalter
	Aldehyde
	Amphotenside
	Perborat
	unchlorierte Phenolderivate
	quaternäre Ammoniumverbindungen
	chlorierte Phenolderivate
	Guanidine
	Natriumhypochlorit
	organische Chlorabspalter

haltige Produkte eine nur schwache antimikrobielle Wirkung. Desinfektionsmittel, die Schwermetallverbindungen enthalten, sind beispielsweise Mercurochrom oder Merfen.

Chlorabspaltende Substanzen

Das abgespaltene freie Chlor bildet in einer Nebenreaktion chlororganische Verbindungen. Diese sind biologisch schwer abbaubar und werden in der Kläranlage nur unerheblich aus dem Abwasser entfernt. Chlororganische Verbindungen sind unterschiedlich toxisch, die ganze Stoffgruppe kann aber als gefährlich eingestuft werden. Einige wichtige chlorabspaltende Desinfektionsmittel sind Chloramin 80, Clorina, Tiutol, Sumasan und Texasept.

Abwasser aus Kliniken und Arztpraxen

K. Kümmerer

Gesetzliche Anforderungen

In diesem Kapitel kann nur auf einige ausgewählte Stoffe und Abwasserparameter näher eingegangen werden. Damit ist nicht gesagt, daß nicht explizit erwähnte Stoffe bedenkenlos ins Abwasser oder die Umwelt geschüttet werden dürften. *Der Eintrag von Stoffen in die Umwelt und damit auch ins Abwasser ist grundsätzlich so gering als möglich zu halten.* Welche Stoffe in welchen Konzentrationen in Abwasseranlagen eingeleitet werden dürfen, ist u.a. im *Wasserhaushaltsgesetz (WHG)* geregelt. Danach ist das Einleiten gefährlicher Stoffe ins Abwasser grundsätzlich untersagt. Gefährliche Stoffe im Sinne des WHG sind viele der in Labors, in Arztpraxen und Krankenhäusern verwendeten Chemikalien oder Medikamente.

Für Krankenhäuser und Arztpraxen ist insbesondere der § 7 a des WHG, der für sogenannte *Indirekteinleiter* gilt, von Bedeutung. Indirekteinleiter sind alle diejenigen, die ihr Abwasser nicht direkt in ein Gewässer einleiten, sondern ins kommunale Abwassernetz und damit in die kommunale Kläranlage.

Nach § 7 a des WHG dürfen Stoffgruppen nicht eingeleitet werden, wenn sie
- wegen Besorgnis einer Giftigkeit,
- Langlebigkeit,
- Anreicherungsfähigkeit oder einer
- krebserzeugenden, fruchtschädigenden oder erbgutverändernden Wirkung

als gefährlich zu bewerten sind (»gefährliche Stoffe«). Eine Präzisierung dieser Mindestanforderungen wird in weiteren Verordnungen des Bundes und der Länder vorgenommen. Darin sind für spezielle Bereiche wie bestimmte Branchen genauere Regelungen getroffen. So ist z. B. für Zahnarztpraxen die Abscheidung von Amalgam aus Abwässern vorgeschrieben. Für Wäschereien ist derzeit eine Verordnung, die Anforderungen an Wäschereiabwässer definiert, in Vorbereitung.

Nach den genannten Regelungen ist es verboten, in abwassertechnische Anlagen Abwasser, für das eines der folgenden Kriterien zutrifft, einzuleiten:

Abwasser, das

- Personal bei der Unterhaltung und Wartung der abwassertechnischen Anlagen gefährdet,
- den Bauzustand und die Funktionsfähigkeit von Abwasseranlagen (z.B. Rohre, Kläranlage), die Abwasserbehandlung und die Klärschlammverwertung stört,
- den Gewässerzustand nachhaltig beeinträchtigt,
- Stoffe oder gar Abfälle enthält, welche die Kanalisation verstopfen können,
- Stoffe enthält, die giftige, übelriechende oder explosive Dämpfe bilden können,
- oder sich umweltschädigend auswirkt.

Neben diesen allgemeinen Vorschriften für Indirekteinleiter machen die Kommunen über ihre *kommunalen Abwassersatzungen* weitere Vorgaben, welche Randbedingungen beim Einleiten von Abwasser ins kommunale Abwassernetz einzuhalten sind. Ein Blick in die kommunale Abwassersatzung ist deshalb unbedingt notwendig, denn dort sind u. U. strengere Werte für zulässige Stoffkonzentrationen festgelegt als in den Vorschriften des Bundes oder der Länder. Es ist jedoch grundsätzlich immer davon auszugehen, daß Abfälle nicht über das Abwasser »entsorgt« werden dürfen.

Charakteristika von Abwasser

Von Trinkwasser unterscheidet sich Abwasser hinsichtlich physikalischer Parameter wie Temperatur, pH-Wert oder elektrischer Leitfähigkeit, durch Art und Menge seiner Inhaltsstoffe und die hygienische Qualität. Im Abwasser findet sich eine Vielzahl verschiedener Stoffe unterschiedlicher Konzentration und Giftigkeit. Ein großer Teil der etwa 100 000 derzeit in der EG auf dem Markt befindlichen Chemikalien und Chemikaliengemische findet sich früher (bei der Produktion) oder später (nach der Anwendung) im Abwasser wieder. Allgemein ist sowohl die Art und die Anzahl der Inhaltsstoffe als auch ihre Konzentration im Abwasser um ein Vielfaches höher als im Trinkwasser. Die zulässigen Gehalte verschiedener Stoffe im Trinkwasser und die notwendigen Anforderungen an Trinkwasser sind in der Trinkwasserverordnung geregelt.

Da die analytische Bestimmung jedes einzelnen Stoffes sehr zeit- und personalintensiv ist, und insbesondere für organische Stoffe (z.B. Medikamente, Desinfektionsmittel, Pestizide) zum Teil Analysenverfahren erst noch entwickelt werden müssen, wird die Stoffbelastung des Abwassers häufig mit Hilfe von Summenparametern beschrieben.

Einer der Vorteile der Bestimmung von Summenparametern liegt darin, daß schneller Aussagen über das Abwasser und summarische Werte seiner Inhaltsstoffe wie z.B. die organische Belastung, die Salzfracht oder die Gefährlichkeit getroffen werden können. Allerdings lassen sie keine Rückschlüsse darauf zu, welche Substanzen hauptsächlich zum Summenparameter beitragen, oder auf welche Einzelsubstanzen beispielsweise ein schlechter biologischer Abbau oder eine hohe Giftigkeit zurückzuführen sind. Durch Summenparameter werden also nicht einzelne Stoffe erfaßt, sondern es wird eine Vielzahl meist unbekannter Stoffe unterschiedlichster chemischer Struktur mittels einer Meßgröße erfaßt. Beispiele für wichtige Summenparameter sind die elektrische Leitfähigkeit als Maß für den Salzgehalt, der Gehalt an absetzbaren Stoffen, der pH-Wert, der Chemische Sauerstoffbedarf (CSB, engl. COD), der Biologische Sauerstoffbedarf (BSB, engl. BOD) oder Adsorbierbare Organische Halogenverbindungen (AOX). CSB und BSB stellen ein Maß für die chemische bzw. biologische Abbaubarkeit der Inhaltsstoffe eines Wassers dar. Das Verhältnis aus beiden läßt Rückschlüsse darauf zu, wie leicht oder wie schwer Abwasserinhaltsstoffe, z. B. in der biologischen Reinigungsstufe einer Kläranlage abgebaut werden können. Der Parameter AOX ist ein Maß für die Konzentration an halogenierten organischen Verbindungen im Abwasser.

Beispiele von Stoffen, die im Abwasser unbedingt vermieden oder reduziert werden müssen

Halogenorganische Verbindungen

In Krankenhäusern und Arztpraxen entsteht Abwasser, das auf den ersten Blick (CSB, BSB, pH-Wert, Leitfähigkeit) dem häuslichen Abwasser vergleichbar erscheint. Bei genauer Analyse zeigt sich jedoch, daß Abwasser aus Kliniken und Arztpraxen sich teilweise erheblich von häuslichem Abwasser unterscheiden kann. Dies gilt u. a. für die Konzentration an halogenorganischen Verbindungen (AOX). Diese Verbindungen sind i. a. schwer biologisch und chemisch abbaubar und weisen darüber hinaus meist ein hohes toxisches und ökotoxisches Potential auf. Ihre negativen Eigenschaften beruhen vor allem darauf, daß sie meist lipophil sind und sich deshalb in der Nahrungskette, z. B. über den Klärschlamm, der landwirtschaftlich verwendet wird, und schließlich im Fettgewebe von Tieren (Speisefische, Rinder) und Nahrungsmittel (z. B. Milch) und somit wieder letztlich im Menschen (meist im Fettgewebe) anreichern. Deshalb ist ein Eintrag von halogenierten organischen Verbindungen in die Umwelt zu vermeiden.

Quellen für den AOX bzw. halogenorganische Verbindungen im Krankenhaus oder der Arztpraxis können Reagenzien sein, die elementares Chlor (»Aktivchlor«) enthalten oder, was weitaus häufiger der Fall ist, Elementarchlor bei der Anwendung abspalten (»Chlorabspalter«). Durch Reaktion des freigesetzten Chlors bzw. infolge der chlorierenden Eigenschaften, beispielsweise von Desinfektionsmitteln, mit Schmutz auf Oberflächen oder Wasserinhaltsstoffen entstehen chlororganische Verbindungen, die dann zum AOX beitragen. Chlorhaltige Bleichmittel werden häufig in der Wäscherei zur Fleckenbehandlung oder Bleiche der Wäsche eingesetzt.

Durch veränderte Waschprogramme und Zudosierung an der richtigen Stelle im Waschprogramm kann der Verbrauch an solchen Mitteln deutlich gesenkt werden (z. B. bei Trommelwaschmaschinen Chlorbleiche im Waschgang vor dem letzten Spülen, um eine Reaktion des Chlors mit Schmutzteilchen oder Wasserinhaltsstoffen zu vermeiden). Sowohl für die Bleiche als auch an Stelle von chlorhaltigen Desinfektionsmitteln lassen sich adäquate Produkte auf Sauerstoffbasis (z. B. Wasserstoffperoxidlösung (»Perhydrol«), Percarbonate oder Peressigsäure) einsetzen, die nicht zum AOX beitragen.

Für Abwässer aus Arztpraxen oder Krankenhäusern sind für den AOX darüber hinaus Stoffe von Bedeutung, die Chlor gebunden enthalten, ohne daß daraus elementares Chlor freigesetzt wird. So z. B. Pharmaka, die Halogene enthalten (Fluor, Chlor, Brom und Jod). Tabelle 1 gibt eine Übersicht über die in Deutschland pro Jahr produzierte Chlormenge und den Verbleib des Chlors. Neben Kunststoffen (PVC, Polyurethan, Polycarbonat, Teflon®), die für das Abwasser nicht von Bedeutung sind, werden in der Medizin vor allem chlorierte Kohlenwasserstoffe eingesetzt (Lösungsmittel, Narkosegase, chlorhaltige Medikamente).

Aus Labors können halogenierte organische Lösungsmittel (Chloroform, Methylenchlorid, Frigene) oder halogenhaltige Reagenzien (z. B. Ethidiumbromid) zur Erhöhung des AOX beitragen. Dies ist insbesondere dann gegeben, wenn ein Vakuum über Lösungsmitteln mit einer Wasserstrahlpumpe erzeugt wird. Eine nachgeschaltete Kühlfalle kann dies zum großen Teil verhindern. Gänzlich vermeiden läßt sich dieser Eintrag von Lösungsmitteln, wenn statt einer Wasserstrahlpumpe eine elektrisch betriebene Vakuumpumpe verwendet wird. Auch hier empfiehlt sich eine Kühlfalle, um Emissionen in die Luft so gering wie möglich zu halten. Ist eine hauseigene Vakuuminstallation vorhanden, kann auch sie unter Verwendung eines einfachen Vakuumreglers (beispielsweise kontrollierte Luftzuführung über ein Nadelventil, Kühlfalle) genutzt werden. Das Abwasser ist kein Medium zur Entsorgung von Lösungsmitteln. Dies gilt für alle organischen Lösungsmittel! Halogenhaltige Lösungsmittel sollten soweit als möglich vermieden und durch andere geeignete Lösungsmittel ersetzt werden. Der Gebrauch von Lösungsmittel kann z. B. auch durch Verkleinerung von Reaktionsansätzen oder down-scaling von Analysenvorschriften eingeschränkt werden.

Tabelle 1. Chlorchemie

- 3,4 Millionen Tonnen Jahresproduktion in Deutschland
- wichtigste »Chlorsenke« – 782 000 Tonnen Chlor – ist Vinylchlorid (z. B. PVC)
- 96 000 Tonnen Chlor als Bleichmittel der Zellstoffindustrie, Textilveredelung
- 97 000 Tonnen Chlor für die Herstellung von chlorierten Kohlenwasserstoffen
- 700 000 Tonnen für Polyurethan
- 33 000 Tonnen für Polycarbonat
- 13 000 Tonnen für Polytetrafluorethylen (z. B. Teflon®)

Zytostatika, Antibiotika und Desinfektionsmittel

Da die biologische Reinigung von Abwässern durch Mikroorganismen erfolgt, sollten Substanzen, durch die Mikroorganismen in ihrer Anzahl und damit Reinigungsleistung negativ beeinflußt werden können, möglichst nicht ins Abwasser gelangen. Dazu zählen neben Antibiotika und Desinfektionsmitteln, die ja naturgemäß Mikroorganismen abtöten sollen, auch Zytostatika aufgrund ihres hohen cancerogenen Potentials. Insbesondere dürfen keine toxischen Medikamentenreste, wie z. B. Zytostatika, oder Desinfektionsmittelkonzentrate ins Abwasser gelangen.

Der Gehalt an Zytostatika im Abwasser wird künftig für die kommunale Abwasserreinigung an Bedeutung gewinnen, da die ambulante Behandlung mit Zytostatika zunimmt. Gleichzeitig wird die Bedeutung von Desinfektionsmitteln, Antibiotika und Zytostatika im Abwasser zunehmen, da nicht zuletzt wegen erfolgreicher Maßnahmen zur Wassereinsparung die Konzentration dieser Inhaltsstoffe im Abwasser steigt und damit erhöhten negativen Einfluß auf die biologische Abwasserreinigung haben wird.

Schwermetalle

An anorganischen Verbindungen sind neben Salzen wie z. B. Phosphaten, Sulfaten oder Chloriden vor allem Schwermetalle wie z. B. Kupfer, Chrom, Blei, Nickel, Zink etc. aufgrund ihrer Giftigkeit im Abwasser von Bedeutung. Schwermetalle sind nicht abbaubar und gelangen über das Abwasser entweder in den Klärschlamm, wo sie sich anreichern, oder verlassen die Kläranlage über deren Ablauf. In beiden Fällen reichern sie sich früher oder später wie die schwer abbaubaren organischen Verbindungen (z. B. halogenorganische Verbindungen) über die Nahrungskette in der Nahrung an und werden vom Menschen aufgenommen. Schwermetalle bzw. schwermetallhaltige Substanzen sollten deshalb nicht ins Abwasser gelangen.

Zink wird über zinkhaltige Salben ins Abwasser eingetragen. Durch Verwendung zinkfreier Salben, kann diese Quelle für Zink im Abwasser beseitigt werden. Durch *quecksilberhaltige Medikamente* oder Produkte (z. B. Merbromin®, Mercuchrom®, Thiomersal®, Quecksilberthermometer), tragen Arztpraxen und Krankenhäuser ganz erheblich zur Quecksilberbelastung des Abwassers und des Klärschlamms bei. Bundesweit (alte Länder) werden allein durch Mercuchrom® 100 kg Quecksilber pro Jahr unnötigerweise in die Umwelt eingetragen (Tabelle 2, Basis: Verordnungen gesetzliche Krankenkassen). Darüber hinaus erscheint die Anwendung quecksilberhaltiger Präparate aufgrund der nur schwachen antibakteriellen Wirkung und wegen des erheblichen toxischen Potentials nicht vertretbar. Quecksilberhaltige Medikamente sollten unbedingt gemieden werden, da Quecksilber als Schwermetall nicht abbaubar und für den Menschen giftig ist. In den allermeisten Fällen stehen für quecksilberhaltige Produkte wie Mercuchrom® quecksilberfreie Alternativen zur Verfügung. Auch Quecksilber-

Tabelle 2. Quecksilberbelastung durch Mercuchrom®

Verbrauch an Mercuchrom®	
Universitätsklinikum Freiburg (1992)	BRD (1991)
1025 Packungen 274 g Quecksilber	368 300 Verordnungen (gesetzl. Krankenkassen) 98,4 kg Quecksilber

thermometer, aus denen bei Bruch Quecksilber freigesetzt und z. T. ins Abwasser gelangen kann, können durch quecksilberfreie Thermometer oder besser noch Digitalthermometer ersetzt werden.

Für Zahnarztpraxen ist mittlerweile ein Amalgamabscheider vorgeschrieben, so daß deren Beitrag zur Quecksilberbelastung deutlich zurückgegangen ist.

Maßnahmen zur Wassereinsparung

L. Brinker

Der durchschnittliche Wasserverbrauch liegt in der BRD bei ca. 150 Liter pro Person und Tag. Der Wasserverbrauch im Krankenhaus liegt deutlich darüber. Je nach Struktur und Größe kann der Wasserverbrauch im Krankenhaus bis zu 1000 Liter pro Patient und Tag betragen (s. Tabelle 1).

Durch eine Überprüfung der bestehenden sanitären, raumlufttechnischen Anlagen und der wasserverbrauchenden Apparate lassen sich die größten Wasserverbraucher erfassen und durch gezielte technische Maßnahmen der Verbrauch drastisch senken:

Armaturen

Armaturen sollen mit lufteinsprudelnden Perlatoren ausgerüstet sein, die autoklavierbar sein müssen. Bei Neubaumaßnahmen sollten im OP-Bereich näherungselektronisch gesteuerte Armaturen eingeplant werden, damit während des präoperativen Händewaschens nicht ständig das Wasser läuft. Reduziert man die Zeit für das präoperative Händewaschen von drei auf eine Minute lassen sich pro Händewaschen 16 Liter Wasser einsparen. Hochgerechnet auf das OP-Potential der BRD von 4.823.373 Operationen (Deutsches Ärzteblatt, 1991) ergibt sich eine Wassereinsparung von über 38.000 m^3. Hiermit kann man 385 Swimmingpools füllen. Durch automatische Wassermengenregler (z.B. Hansa, DAL) läßt sich unabhängig vom Fließdruck der Volumenstrom und damit die Wassermenge regulieren. Ein günstiger Nebeneffekt ist, daß ein Überschießen des Wasserstrahls über den Beckenrand verhindert wird. Bei einem durchschnittlichen Listenpreis von ca. 20,– DM hat sich die Investition schon innerhalb des ersten Jahres amortisiert (siehe Tabelle 2).

Tabelle 1. Wasserverbrauch in Kliniken (pro Person bzw. Bett)

Haushalte	ca. 150	Liter/Tag
Pflegebereich	ca. 500	Liter/Tag
Küchen, Wäschereien	ca. 300	Liter/Tag
Maximalversorgung	ca. 1000	Liter/Tag

Tabelle 2. Amortisierung eines Wassermengenreglers

Wasser-einsparung	Wasser-verbrauch	Wasserkosten 4,60 DM/m^3	24 Benutzungen täglich 200 Tage im Jahr	Einsparung pro Jahr
ohne Wasser-mengenregler	8 Liter	0,037 DM	176,5 DM	
mit Wasser-mengenregler	5 Liter	0,023 DM	110,4 DM	ca. 66 DM

Duschen

Durch Einbau von Sparduschköpfen mit Durchflußbegrenzer (z.B. R. C. Mannesmann AG) läßt sich der Wasserverbrauch in Duschen um etwa die Hälfte senken. Das heißt man spart bei einer durchschnittlichen Duschzeit von 9 Minuten und einem angenommenen Durchfluß von 10 l/min bis zu 45 Liter Wasser pro Dusche. Durch Thermostatbatterien lassen sich die Verluste beim Einregulieren der Duschtemperatur vermindern. Eine weitere innovative Maßnahme ist der Einbau von selbstschließenden Mischbatterien, die sich ebenfalls in kürzester Zeit amortisiert haben (siebe Tabelle 3).

Tabelle 3. Vergleich konventionelle Mischbatterie mit selbstschließender Batterie pro Dusche

Wasser- und Energie-einsparung	Wasser-verbrauch	Wasserkosten 4,60 DM/m^3	Energiekosten 1,50 DM/m^3	Gesamt-kosten
konventionelle Mischbatterie	90 Liter	0,41 DM	0,14 DM	0,55 DM
selbstschließende Mischbatterie	60 Liter	0,28 DM	0,09 DM	0,37 DM

Spülkästen

Die Spülwassermenge sollte auf maximal 6 Liter eingestellt sein. Durch Einbau von Wasserspartasten, mit denen die Spülmenge nach Bedarf geregelt werden kann, lassen sich erhebliche Wassermengen einsparen (siehe Abb. 1).

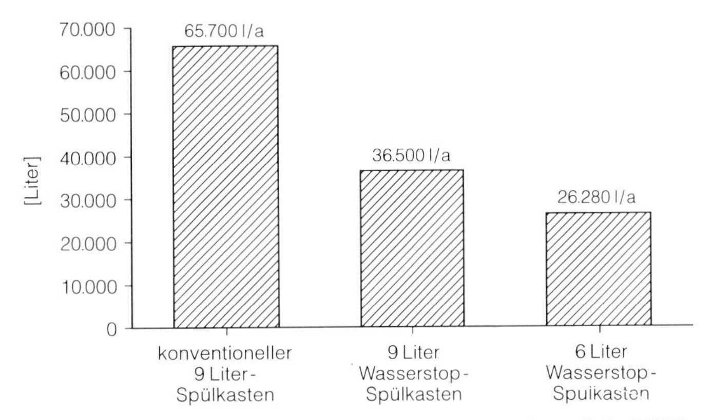

Abb. 1 Wassersparen am Beispiel eines 4-Personen-Haushaltes bei täglich 5 WC-Spülungen (1 Vollspülung, 4 Kurzspülungen) pro Person

Druckspüler

Durch Erhöhung des Federvordruckes des Ventiles schließt sich dieses schneller, so daß die Durchflußmenge gesenkt wird. Der Federdruck darf jedoch nicht so hoch sein, daß das Ventil zurückschlägt, da es dann zu Druckstößen im Rohrleitungsnetz kommt. Bei Umbauten oder Neueinrichtungen sind Spülkästen vorzuziehen.

Steckbeckenspülapparate, Desinfektionsautomaten

Bei Einsatz von herkömmlichen hochalkalischen Reinigern (z. B. Neodisher MA und Neodisher FA der Firma Dr. Weigert) muß mindestens dreimal klargespült werden, damit keine Alkalienreste auf dem Spülgut verbleiben. Bei mildalkalischen Reinigern (z. B. Reiniger R) kann man auf einen Nachspülgang verzichten. Pro Charge lassen sich so bis zu 10 Liter Spülwasser einsparen. Durch Änderung des Programmablaufes kann das letzte kalte Spülbad zum Vorspülen der neuen Charge genutzt werden, dies ergibt ebenfalls eine weitere Wasserersparnis von 10 Liter. Bei Desinfektionsautomaten ist zudem darauf zu achten, daß sie nur betrieben werden, wenn sie komplett gefüllt sind.

Geschirrspülmaschinen

Die Geschirrspülmaschinen in den Stationsküchen sollten nur voll beladen betrieben werden. Bei den Band- bzw. Korbgeschirrspülmaschinen in Großküchen sollte das Nachspülwasser zur Vorwäsche genutzt werden. In modernen Anlagen wird die Spüllauge gereinigt, um diese wiederzuverwenden.

Waschmaschinen

Moderne, optimal eingestellte Waschstraßen haben einen Wasserverbrauch von ca. 6 Liter/kg Trockenwäsche. Aber auch in alten Wasch-Schleuder-Trommelmaschinen lassen sich die Wasserverbräuche durch Nutzung des Spülwassers zur Vorwäsche und durch optimale Einstellung des Flottenverhältnisses auf bis zu 16 Liter/kg Trockenwäsche senken. Unter dem Flottenverhältnis versteht man das Verhältnis der eingesetzten Wassermenge zur Menge der zu waschenden Trockenwäsche. In vielen Fällen ist das Verhältnis zu hoch eingestellt, es darf allerdings auch nicht unter einen bestimmten Wert sinken, da sonst nicht genug freies Wasser vorhanden ist und der Wäscheschmutz in die Wäsche zurückzieht. Dieser Wert ist abhängig vom verwendeten Waschmittel, der Wasserhärte, der verwendeten Maschinentechnik und muß für jede Wäscherei festgestellt werden.

Laborgeräte

Die Wassersparmaßnahmen im Labor sind im Kapitel „Umweltschutz im Labor“ Seite 90 beschrieben.

Sterilisatoren

Erzeugt man das Vakuum in Dampfsterilisatoren mit Wasserstrahlpumpen, werden pro Dampfsterilisator je nach Größe 300–1200 Liter Wasser pro Stunde verbraucht. Auch hier läßt sich durch den Einbau von Vakuumkonstantschaltungen oder Membranpumpen der Wasserverbrauch erheblich reduzieren.

Raumlufttechnische Anlagen

Ältere Klimaanlagen sind mit offenen Rückkühlwerken betrieben worden. Das heißt, daß das zur Luftkühlung benötigte Wasser direkt in Kontakt mit dem Luftstrom gebracht wurde und dann in die Kanalisation floß. Neuere Anlagen arbeiten mit der sogenannten direkten oder indirekten Luftkühlung. Bei der direkten Kühlung wird die Luft an einen Wärmetauscher (Kältemittelverdampfer) herangeführt und gekühlt. Bei der indirekten Luftkühlung wird die überschüssige Temperatur über ein als Kälteträger geeignetes Medium (Wasser, Sole) dem Kältemittelverdampfer zugeführt. Ältere Anlagen mit offener Wasserkühlung können zu luftgekühlten umgerüstet werden.

Regenwassernutzung

Regenwasser läßt sich zur Bewässerung der Grünflächen und als Brauchwasser für die WC-Spülung oder zum Waschen in der Zentralwäscherei einsetzen. Regenwasser sollte in Tanks gesammelt werden, aus dem es bei Bedarf gepumpt werden kann. In älteren Kliniken bestehen noch alte Brunnen einschließlich der Förderanlagen, die zur Trinkwassergewinnung genutzt wurden. Aus diesen Brunnen läßt sich der Wasserverbrauch für die Grünflächenbewässerung decken. Zur Nutzung des Regenwassers als Brauchwasser für z. B. die WC-Spülung oder die Waschmaschine in der ärztlichen Praxis ist allerdings ein eigenes Rohrleitungssystem einschließlich technischer Einrichtungen nötig. Da die Nachrüstung eines zweiten Brauchwassernetzes sehr kostenintensiv ist, sollte nur bei Neubauten der Einbau eingeplant werden.

Maßnahmen zur Energieeinsparung

T. Hartlieb und M. Scherrer

In jedem Krankenhaus gibt es vielfältige Möglichkeiten der Energieeinsparung. Möglichkeiten um den Energieeinsatz zu senken bestehen bei der Erzeugung, Verteilung und dem Verbrauch von Wärme und Strom. Dadurch kann der Abbau der natürlichen Energiequellen verlangsamt, die mit der Energieerzeugung verbundene Umweltbelastung gesenkt und eine höhere Wirtschaftlichkeit durch sparsamen, rationellen Energieeinsatz erreicht werden.

Energieeinsparmaßnahmen sollten nicht unkoordiniert als isolierte Einzelmaßnahmen durchgeführt werden. Sie sind in ein umfassendes Gesamtenergiekonzept einzubetten, das die technischen Voraussetzungen einer einzelnen Maßnahme, ihre regeltechnischen Anforderungen und ihre Auswirkungen auf andere Anlagen bzw. Bereiche der Energieversorgung systematisch umfaßt.

Einsparungsmöglichkeiten bei der Energieerzeugung

Blockheizkraftwerk (BHKW)

Die gemeinsame Erzeugung von Wärme und Strom in einem Blockheizkraftwerk bietet wesentliche energetische Vorteile gegenüber einer getrennten Erzeugung von Strom in einem Kondensationskraftwerk und von Wärme in einem Heizkessel.

Krankenhäuser bieten vergleichsweise gute Voraussetzungen für den Einsatz eines Blockheizkraftwerkes, da sie einen ganzjährigen, relativ konstanten Grundbedarf an Wärme und Strom haben.

Alternative Energieerzeugung

Mit Hilfe neuartiger, umweltfreundlicher Technologien läßt sich die Energie, die in der Sonnenstrahlung, in Wind, Wasser, Erdreich und Biomasse steckt, als Ersatz für Erdöl, Gas und Strom nutzen.

Solarenergie kann über die Photovoltaik zur Stromerzeugung und durch die Kollektortechnik zur Erzeugung von Warmwasser (entweder zur direkten Nutzung oder zu Heizzwecken) genutzt werden. Verschiedene Studien und Pilotprojekte haben gezeigt, daß eine Solarenergienutzung nicht nur in sonnenreichen Ländern, sondern auch in unseren Breiten möglich ist. Zwar kann die Solarenergie nicht den gesamten Energiebedarf decken, aber in Verbindung mit Energiesparmaßnahmen und Wärmedämmung kann der Anteil an nicht regenerativen Energiequellen deutlich gesenkt werden. In Kliniken mit den oft großen Dachflächen bietet sich die Solarenergienutzung geradezu an.

Bei Neu- und Umbaumaßnahmen sollte die Nutzung der Umgebungswärme durch Wärmepumpen und die solare Brauchwassererwärmung geprüft werden. Gegenüber den herkömmlichen Energieumwandlungstechniken sind gasmotorisch betriebene Wärmepumpen und Sonnenkollektoren eine umweltfreundliche Alternative.

Wärmeenergieerzeugung

Die Wärmeerzeugung mit Heizungsanlagen umfaßt im Krankenhaus die Raumheizung, die Bereitstellung von Wärme für wirtschaftliche und medizinische Versorgungseinrichtungen (Küche, Wäscherei, Sterilisation) und für die Brauchwassererwärmung. Dabei wird Wärme in unterschiedlicher Art (Dampf oder Warmwasser), Temperatur und Druck benötigt.

Heizkessel sind lastabhängig, also bedarfsgerecht einzusetzen. Die Kesseltemperaturen sind auf energiesparende Weise in Abhängigkeit von der Außentemperatur zu fahren. Selbsttätige, digital geregelte Kesselfolgeschaltungen sorgen dafür, daß je nach Außentemperatur und Wärmebedarf nur die tatsächlich benötigte Heizenergie bereitgestellt wird. Das Dampfleitungssystem sollte nach Temperatur oder Betriebsdruck unterteilt werden.

Überdimensionierte Kesselanlagen und Leitungen führen zu hohen Energieverlusten. Es ist zu prüfen, die Leistung evtl. auf mehrere kleine unterschiedlich dimensionierte Kessel aufzuteilen, die im Sommer einzeln abgeschaltet werden können.

Der Dampfdruck ist auf das niedrigst mögliche Niveau einzustellen. Zur Vermeidung von Leitungs- und Stillstandsverlusten sollte auch eine Dezentralisierung der Dampferzeugung durch Abkoppelung entlegener Verbraucher und ggf. Teilumrüstung auf andere Energieträger in Betracht gezogen werden.

Heizungsanlagen

Mit Hilfe moderner automatischer Regeleinrichtungen läßt sich der Wirkungsgrad von Heizungsanlagen beträchtlich steigern. So kann durch ein zentrales Steuergerät mit Außentemperaturfühler und Zeitschaltung die Vorlauftemperatur des Heizungswassers optimal geregelt und für jede Tages- und Nachtzeit programmiert werden. Auf diese Weise kann der Heizungsbetrieb an den nach der Außentemperatur und der Tageszeit schwankenden Wärmebedarf zuverlässig angepaßt werden. Beispielsweise sollte, wo es vom Betriebsablauf her möglich ist, bei einer Außentemperatur von über –5 °C eine Nachtabsenkung der Vorlauftemperatur durchgeführt werden. Thermostatventile sorgen zusätzlich für die individuelle Regelung der Temperatur in Räumen, Fluren und Treppenhäusern.

In Funktionsräumen, die nicht durchgehend genutzt werden, z. B. am Wochenende, ist die Raumtemperatur zu senken.

Um unnötige Wärmeverluste zu vermeiden ist eine Verbesserung und ggf. Erneuerung der Wärmedämmung an Wärmeerzeugern (Heizkesseln) und Verteilerrohren vorzunehmen.

Kühlanlagen

Im Bereich Kühlung kann durch Reduzierung der Kühl- und Gefriergeräte (z. B. gemeinsame Nutzung durch Stationen), durch bessere Isolierung der Kühlräume bzw. durch Einsatz moderner, gut isolierter Kühl- und Gefriergeräte ebenfalls in erheblichem Umfang Strom gespart werden. Ferner besteht durch einen Lastspitzenabbau die Möglichkeit, Energiekosten (jedoch keinen Strom) einzusparen, indem der Kühlstrombedarf durch Errichtung von Kälte- und Eisspeichern in die lastschwache (Nacht-) Zeit verlagert wird.

Eine Abkoppelung und dezentrale Versorgung von Kleinverbrauchern mit ganzjährigem Kältebedarf, sollte dann vorgenommen werden, wenn dadurch die zentrale Anlage außerhalb der Nutzungszeiten (im Winter) außer Betrieb genommen werden kann.

Bautechnische Maßnahmen

Durch einen umfassenden Wärmeschutz am Bau (Wärmedämmung an Dächern, Decken und Außenwänden) können die Wärmeverluste durch den Baukörper gesenkt werden. Beispielsweise verursachen mangelhaft gedämmte Dächer bis zu 20 % der gesamten Energieverluste eines Gebäudes.

Bei Neubauten oder Erneuerungen empfiehlt sich grundsätzlich der Einbau doppelt bzw. dreifach verglaster Isolierfenster und -fenstertüren oder der Einsatz einer Wärmeschutzisolierverglasung.

Als weitere Maßnahme zur Wärmedämmung kommt z. B. der Einbau von Windfängen oder Drehtüren an allen Haupteingängen in Betracht. Die Windfänge sind so zu bemessen, daß beim Öffnen der Außentüren die Innentüren bereits wieder geschlossen sind.

Um im Sommer den Wärmeeintrag durch Sonneneinstrahlung zu reduzieren, sind an Ost-, Süd- und Westfenstern Sonnenschutzvorrichtungen einzubauen.

Tabelle 1. Maßnahmen zur Energieeinsparung bei raumlufttechnischen Anlagen

- Einsatz von Elektromotoren mit hohem Wirkungsgrad
- Verwendung effizienter Ventilatoren
- genaue Anpassung der Lüfterleistung und Zulufttemperatur an den erforderlichen Bedarf
- Beseitigung von vermeidbaren Widerständen in den Kanälen
- Nachtabsenkung bzw. -abschaltung der raumlufttechnischen Anlagen in großen Teilen des Krankenhauses

Energieeinsparung bei raumlufttechnischen (RTL-)Anlagen

RLT-Anlagen benötigen Wärmeenergie für die Raumkonditionierung (Luftvorwärmung und -befeuchtung) und elektrische Energie zum Antrieb der Ventilatoren.

Nicht alle Bereiche im Krankenhaus müssen klimatisiert werden. Eine vollständige Klimatisierung ist in der Regel nur in ganz bestimmten Bereichen (z.B. Intensivstationen) notwendig. Selbst in OP-Bereichen ist eine ständige Vollklimatisierung nicht nötig. Außerhalb der Betriebszeiten (z.B. am Wochenende) kann nicht nur die Luftmenge reduziert, sondern auch die Temperatur für Kühlung bzw. Heizung erhöht bzw. erniedrigt werden (Tabelle 1).

Bezüglich der Anlagentechnik ergeben sich Verbesserungsmöglichkeiten durch die Nutzung der Kondensationswärme und der warmen Abluft mit Hilfe einer Wärmerückgewinnungsanlage. Ähnliches ist auch für warme Abwässer aus Wäscherei und Küche vorzusehen. Generell sollte, wo immer sich Abwärme aus Prozeßanlagen, Abluft oder Abwässern nutzen läßt, geprüft werden, inwieweit sich Wärmerückgewinnung (z.B. mit Wärmetauschern oder Wärmepumpe) wirtschaftlich einsetzen läßt. Die Wärmerückgewinnungsanlagen sollten jedoch automatisch abgeschalten werden, sobald die gewonnene Energie geringer ist als der Hilfsenergieaufwand.

Sofern es bautechnisch möglich ist, können auch neue, dezentrale Lüftungskonzeptionen mit wesentlich verringerten Lufttransportwegen zu drastischen Einsparungen führen.

Einsparung von elektrischer Energie

Der Verbrauch an elektrischer Energie liegt im Durchschnitt bei rund 20 % des gesamten Energieverbrauches.

Generell sollten energieverbrauchende Geräte und Anlagen nur dann in Betrieb sein, wenn sie benötigt werden. Zum Beispiel sind Röntgenbildschirme bei Nichtbenutzung über einen längeren Zeitraum abzuschalten und EDV-Bildschirm sowie Drucker nicht ständig auf Stand-by-Betrieb zu lassen (über die Mittagspause abschalten).

Der Anteil der Beleuchtung am Stromverbrauch liegt im Durchschnitt bei 20–30%. Energiesparmaßnahmen bei der Beleuchtung sind vielfach ohne großen Aufwand möglich.

Durch moderne, energiesparende Lampen in Verbindung mit verlustarmen, elektronischen Vorschaltgeräten sowie durch Lichtbündelung (Verspiegelung) und durch genau angepaßte Beleuchtungsstärke können insgesamt etwa 50 % an elektrischer Energie und eine große Anzahl an Leuchten eingespart werden. Auch die Konstruktionsweise und Anordnung der Leuchten sowie eine möglichst helle Farbgestaltung der Räume tragen maßgeblich zur Wirtschaftlichkeit der Beleuchtung bei. Auf jeden Fall sollte überprüft werden, ob überall immer Licht brennen muß. Durch moderne Schaltungen und Steuerungen (Abschalteinrichtungen) kann in bestimmten Bereichen die Beleuchtung tageslichtabhängig (z.B. im Treppenhaus, Flur) und an arbeitsfreien Zeiten (abends und an Wochenenden) automatisch abgeschaltet werden.

Wartung

Grundbedingung für einen rationellen Energieeinsatz ist die regelmäßige und sorgfältige Wartung der vorhandenen Anlagen und der Leitungssysteme. Nur so können der Wirkungsgrad der Anlagen soweit wie möglich optimiert und die Betriebsbereitschaftsverluste minimiert werden.

Die wichtigsten Maßnahmen zur Energieeinsparung sind in Tabelle 2 zusammengefaßt.

Energieeinsparung in der Küche

Die größten Energieeinsparpotentiale sind in den Bereichen zu erwarten, die den größten Energieverbrauch haben. Dazu gehören im Krankenhaus die Küche und die Wäscherei.

Energieeinsparung in diesen Bereichen macht meist eine Umrüstung auf neue energiesparende Geräte notwendig. Dabei muß beachtet werden, daß die Finanzierungskonzepte mittelfristig angelegt werden müssen. Die Mehrinvestitionen sind erst nach mehreren (mindestens drei) Jahren durch die geringeren Stromrechnungen abgedeckt und erst dann werden real Kosten eingespart. Ökologisch (Verminderung der Luftbelastung, Ressourcenschonung) lohnt sich die Energieeinsparung allerdings bereits sofort. Für eine Reihe von Geräten in der Küche gibt es energiesparende Selbststeuerungen, die beispielsweise erkennen, ob ein Topf auf der Herdplatte steht und Energie benötigt wird oder nicht. So werden die Köche überlistet, die bei Dienstbeginn die Herde anschalten und während der ganzen Schicht voll durchheizen, ob dies nun notwendig ist oder nicht.

Wichtig für den energiesparenden Einsatz in der Küche sind optimal wärmeisolierte Geräte. Die Oberfläche sollte sich auch bei vollem Betrieb nur

Tabelle 2. Maßnahmen zur Energieeinsparung

I. Wärmeenergie
- Genaue Raumüberprüfung auf Notwendigkeit der Raumheizung bzw. -kühlung
- Individuelle Regelung der Raumtemperatur je nach Nutzung und Beschaffenheit
- Raumtemperatur auf 20 °C bis 21 °C einstellen, nicht überheizen
- Einsatz von Abschaltprogrammen für arbeitsfreie Zeiten
- Während der Nachtzeit in unbenützten Räumen die Temperatur auf ca. 16 °C absenken (1 °C weniger spart 6 % Heizkosten)
- Ausrüstung der Heizkörper mit Thermostatventilen
- Heizkörper nicht verbauen
- Frühzeitiges Entlüften der Heizkörper (sobald es im Heizkörper gluckert)
- Abends Rolläden, Fensterläden und Vorhänge schließen
- Verbesserung der Wärmedämmung von Wänden, Dächern, Keller- und obersten Geschoßdecken
- Einbau isolierverglaster Fenster und Türen
- Anbringen von Sonnenjalousien bei klimatisierten Räumen
- Undichte Fenster und Türen abdichten
- Keine Dauerlüftung, nur kurz und gründlich lüften
- Während der Lüftungsphase die Heizung abstellen
- Automatische Türschließer an Außentüren
- Sparsamer Umgang mit warmem Wasser
  - nicht mehr Wasser erwärmen als tatsächlich gebraucht
  - das Wasser nicht stärker erwärmen als nötig
- Warmwasser nicht höher als 45 °C bis 50 °C aufheizen
- Duschen statt Baden

II. Elektrische Energie
- Nicht unnötig Licht brennen lassen
  - bei ausreichendem Tageslicht und
  - beim Verlassen von Räumen das Licht ausschalten
- Richtige Wahl der Beleuchtung
- Vorhandene Glühbirnen durch Energiesparlampen ersetzen, besonders in Bereichen, wo sie ständig brennen
- Einsatz von Bewegungs- und Helligkeitssensoren zum Schalten der Beleuchtung in dazu geeigneten Bereichen
- Helle Gestaltung von Decken und Wänden zur besseren Lichtnutzung
- Regelmäßige Reinigung von Lampen und Reflektoren
- Abschalten elektrischer Geräte (z. B. bei längeren Arbeitsunterbrechungen)
- Schreibmaschinen, Computer, Kopierer, Röntgenbildschirme nicht ständig auf »Stand-by-Betrieb« eingeschaltet lassen
- Einkauf energiesparender Geräte
- Verwendung aufladbarer Akkus statt Batterien
- Vollständige Ausnützung der Beladungskapazität von Waschmaschinen, Spülmaschinen, Desinfektionsautomaten, Steckbeckenspülautomaten etc.

Tabelle 3. Maßnahmen zur Energieeinsparung in der Küche

- Für Kühl- und Gefriergeräte möglichst einen kühlen Standort wählen, nicht neben den Elektroherd stellen, direkte Sonneneinstrahlung vermeiden.
- Kühl- und Gefriergeräte regelmäßig abtauen, die Eisschicht kühlt nicht, sie wirkt als Isolierung und behindert den Kühlvorgang.
- Kühltemperatur richtig wählen, nicht unnötig niedrige Kühltemperaturen einstellen.
- Kühl- und Gefriergeräte nur kurzzeitig öffnen, so dringt weniger warme Außenluft ein und eine Vereisung wird verhindert.
- Einlagern und Entnehmen von Kühl- und Gefriergütern möglichst koordinieren, um unnötiges Öffnen zu vermeiden.
- Gefrorene Waren möglichst im Kühlschrank auftauen, dadurch wird dessen Energieverbrauch reduziert.
- Alle gefrorenen Speisen vor dem Kochen auftauen, aufgetaute Speisen brauchen ⅓ weniger Kochzeit und damit weniger Energie.
- Herde, Grills und andere Kochgeräte möglichst nicht in der Nachbarschaft von Kühl- oder Gefriergeräten aufstellen.
- Geräte nur einschalten wenn sie benötigt werden.
- Fahrplan zum Vorheizen der Herde, Grills, Bräter usw. erstellen und an den Geräten anbringen.
- Möglichst große Mengen kochen, in großen Mengen kann effektiver gekocht werden, übriggebliebene Speisen zur Weiterverwendung einfrieren.
- Töpfe und Kochmulden immer abdecken, die Wärme bleibt im Kochgut und die Küche wird nicht mit geheizt, die Kochzeit wird verkürzt.
- Geschirrspüler nur vollständig gefüllt benutzen, der Energieverbrauch ist unabhängig vom Füllgrad.

warm anfühlen. Durch wenige einfache Maßnahmen (Änderungen im Organisationsablauf der Küche) können sich erhebliche Energieeinsparpotentiale ergeben. Die wichtigsten Maßnahmen sind in Tabelle 3 zusammengefaßt.

Energieeinsparung in der Wäscherei

Je nach Struktur und Größe des Krankenhauses beträgt der Energiebedarf der Wäscherei 10–20 % des Gesamtenergiebedarfs. Der größte Anteil der benötigten Energie wird für das Bügeln verbraucht, er beträgt 45 % des Energieverbrauchs einer Wäscherei. Für das eigentliche Waschen werden ca. 30 %, für das Trocknen der Wäsche ca. 25 % der Energie benötigt.

Bei bestehenden Anlagen sind die Energieeinsparungsmöglichkeiten begrenzt, sie beschränken sich meist auf die Installation von Wärmerückgewinnungsanlagen. Dabei ist zu beachten, daß für die zurückgewonnene Wärme auch ein Abnehmer zur Verfügung steht.

Bei der Neubeschaffung von Anlagen ist auf Energieeinsparmaßnahmen besonderes Augenmerk zu legen.

Der Waschprozeß muß nicht bei 90 °C erfolgen, bei neueren Anlagen reichen bereits 60 °C zum Erreichen eines optimalen und hygienisch einwandfreien Waschergebnisses aus; ältere Anlagen benötigen noch 70–80 °C. Grundsätzlich muß aus hygienischen Gründen Krankenhauswäsche nicht routinemäßig nach BGA-Richtlinien thermisch desinfiziert werden, also z. B. bei 90 °C 10 min. bzw. 85 °C 15 min., zur Abtötung der Erreger, welche Krankenhausinfektionen verursachen, genügen 70 °C für 5 min. Nur im Seuchenfall und auf Anordnung des Amtsarztes muß mit den hohen BGA-Temperaturen gewaschen werden.

Die mechanische Wäschetrocknung durch Pressen oder Schleudern ist wesentlich weniger energieaufwendig als die Wäsche mittels Wärmeeinwirkung zu trocknen, ein möglichst hoher Trockengrad sollte daher bereits durch die mechanische Trocknung erzielt werden. Weitere einfache Maßnahmen zur Energieeinsparung in der Wäscherei zeigt Tabelle 4.

Tabelle 4. Maßnahmen zur Energieeinsparung in der Wäscherei

- Die Wäsche nach Art und Verschmutzungsgrad sortieren und die Waschmaschine mit dem für den Wäschetyp und der Verschmutzung gerade ausreichenden Waschgang betreiben.
- Maschinen nur mit voller Beladung betreiben, der Energieverbrauch ist unabhängig vom Füllungsgrad.
- Wäsche nur bei 60 °C (bzw. 70–80 °C) waschen.
- Soviel Feuchte wie möglich durch Schleudern oder Pressen entfernen, Wasser, welches der Wäsche in der Schleuder entzogen wird, braucht im Trockner nicht mehr verdampft zu werden, dadurch braucht der Trockner weniger Energie.
- Trockenprozesse so planen, daß die Wäschetrockner durchgehend betrieben werden können, der Energieverbrauch für das Aufheizen wird verringert.
- Zum Trocknen die Wäsche nach Gewebeart sortieren und jeweils die möglichst niedrigste Trockentemperatur wählen.
- Alle Funktionsstörungen und Undichtigkeiten, insbesondere an Dampfleitungen, sofort beheben lassen.

Umweltschutz bei Außenanlagen

T. Steger-Hartmann

Praktizierter Umweltschutz in Parks oder Gärten von Kliniken zeigt die augenscheinlichsten Erfolge, ruft allerdings auch häufig scharfe Kontroversen hervor. Diese beruhen zum einen auf versicherungsrechtlichen Problemen (z.B. Schadenshaftung der Klinik bei Sach- oder Personenschaden durch Astbruch nach reduzierten Baumpflegemaßnahmen), zum anderen auf den konträren Vorstellungen darüber, was den Erholungswert eines Gartens oder Parks ausmacht: ein englischer Rasen oder eine Wildblumenwiese? Ohne detaillierter auf diese Problematik einzugehen, sollen in der Folge einige Maßnahmen dargestellt werden, die – meist kostengünstig oder sogar kostensparend – helfen, den Umweltschutz vor allem in seiner ursprünglichen Form, als Natur- und Artenschutz, zu verwirklichen.

Artenschutz beginnt mit der Wahl der Sträucher und Bäume für die Anlage. Die Verwendung von exotischen Hölzern, die meist teurer und ohne Anwuchsgarantie geliefert werden, sollten der Vergangenheit angehören. Sie erscheinen nicht nur dem Menschen fremd, sondern werden auch von vielen Tierarten nicht als Nistplatz angenommen und die eventuell vorhandenen Früchte nicht als Nahrungsquelle erkannt. Natürlich ist bei der Wahl heimischer Sträucher und Bäume die Giftigkeit einzelner Pflanzenteile zu berücksichtigen. Gartenbaubetriebe oder Baumschulen sind darüber jedoch in der Regel gut informiert. Der Baumschnitt ist auf ein notwendiges Maß zu reduzieren, d.h. was zur Vermeidung von Sach- und Personenschaden unabdingbar ist. Anfallendes Schnittmaterial (Gras-, Hekken- und Baumschnitt) sollte kompostiert werden. Manche Tiere sind auf Lebensräume angewiesen, die Zeichen von Verwitterung oder Verrottung zeigen, so daß ihnen ein regelmäßig geschnittener Strauch oder Baum keinen Platz bieten kann (z.B. benötigen Spechte Altholz, viele Käfer- und sonstige Insektenarten rissige Borke und Rinde).

Kunstvolle Blumenrabatten erfreuen sicher das Auge der Besucher und Patienten. Ihre Existenz beschränkt sich jedoch auf einige Monate, nach denen sie den eher traurigen Aspekt einer Brachfläche bieten. Die Pflanzung solcher Rabatten ist kostspielig und die Pflege arbeitsintensiv. Eine Wildblumenwiese als Alternative bietet nahezu das ganze Jahr über wechselnde Blütenformen und -farben, benötigt wenig Pflege und vor allem in den heißen Sommermonaten wenig oder keine Bewässerung. Meist kann zudem auf die Verwendung von Düngern verzichtet werden. Manche Wildblumenart, die auf intensiv bewirtschafteten Grünlandflächen vom Verschwinden bedroht ist, kann hier ein Refugium finden. Eine Wildblumenwiese erfordert auch keine Bodenbelüftungsmaßnahmen und keine wöchentliche Mahd. Den Kosten, die durch die Anschaffung der erforderlichen Balkenmähgeräte entstehen, stehen die Einsparungen an Arbeitszeit entgegen, so daß eine Amortisierung rasch zu erwarten ist. Allerdings darf auch nicht verschwiegen werden, daß nicht wenige Passanten eine Wildblumenwiese als Abfalldeponie für Papiermüll und Flaschen mißbrauchen. Bei der Umwandlung einer artenarmen Rasenfläche in eine Wiese kann zum schnelleren Erreichen einer hohen Artenvielfalt anfangs auf Mulchen mit Wildheu zurückgegriffen werden. Derartiges Wildheu fällt bei den jährlich erforderlichen Mähaktionen auf geschützten Wiesenflächen (z. B. Halbtrokkenrasen) an. Die Naturschutzbehörde kann über Ort und Zeitpunkt solcher Mähaktionen Auskunft geben. Über das aufgebrachte Heu werden Samen, Früchte oder vegetative Vermehrungseinheiten von Wildblumen auf die neue Fläche übertragen.

Neben Wiesenflächen könnten als Alternative zu Blumenrabatten auch kleine Kräutergärten angelegt werden, bei denen – am besten mit der fachlichen Unterstützung der Hausapotheke – exemplarisch Inhaltsstoffe, Anwendungsgebiete und Heilwirkung bekannter, heimischer Kräuter auf kleinen Tafeln demonstriert werden.

Torf sollte in den Außenanlagen keine Verwendung finden, da dieses bodenbildende Material aus Mooren gewonnen wird, die durch den Abbau in ihrem Bestand bedroht werden. Bei einer naturnahen Bepflanzung besteht ohnehin nur ein sehr geringer Düngerbedarf, der durch Kompost aus der hauseigenen Kompostierung gedeckt werden kann.

Bei einer naturnahen Pflege kann häufig auf Pestizide verzichtet werden, da sich Nützlinge und Schädlinge weitgehend im Gleichgewicht halten. So können beispielsweise in liegengelassenen Laubhaufen Igel überwintern, die große Mengen an Larven und Schnecken vertilgen. Der Herbizideinsatz aus ästhetischen Gründen zur Beseitigung störenden Pflanzenwuchses verbietet sich von selbst. Störender Moosbewuchs oder ausufernder Krautwuchs an Wegesrändern läßt sich mechanisch mit einfachem Handwerkszeug entfernen. Für größere Flächen stehen auch verschiedene Geräte zur Verfügung (motorisierter Wildkrautbeseitigungsbesen, Fa. Michaelis; hydraulisch angetriebene Tellerbürste, Fa. Hohelüchter; Hochdruckreiniger oder Infrarotgeräte).

Bei Wasseranlagen, z. B. Springbrunnen, Zierteiche, ist zu überlegen, ob sie nicht unter Verwendung der existierenden Fundamente in naturnahe Teiche oder Weiher umgewandelt werden können.

Wege durch die Außenanlage sind zu pflastern. Zufahrtswege, vor allem selten benutzte Rettungswege für die Feuerwehr sollten nicht mit Teer, sondern mit Lochsteinen befestigt werden. Mit derartigen Maßnahmen wird die Oberflächenversiegelung vermieden, die zu einer Austrocknung des Bodens sowie zu einer Schmutzbelastung von Gewässern durch oberirdischen Abfluß nach starken Regenfällen führt. Im Winter sollten die Wege lediglich mit abstumpfendem Material gestreut werden. Salzstreuung führt zur Bodenversalzung und schädigt die Feinwurzeln angrenzender Pflanzen.

Regenwasser, das von den Dächern der Gebäude abfließt, kann in Zisternen gesammelt und zur Bewässerung der Außenanlagen verwendet werden. Die Installation von Regenwassersammelrohren und -behältern sollte bei der Planung neuer Gebäude berücksichtigt werden. Selbstverständlich spräche aus hygienischen Gründen nichts dagegen, bei Klinikneubauten oder in der ärztlichen Praxis Regenwasser zur Toilettenspülung zu verwenden. Gelegentlich wird auch die Nachrüstung von bereits bestehenden Gebäuden mit Regenwasseranlagen gefördert (z. B. in der Hansestadt Bremen).

Wasser, welches nach Regen von versiegelten Flächen abläuft, ist wegen seines hohen Schmutzgehaltes nur für Bewässerungszwecke verwendbar.

Bei den Außenfassaden, vor allem von Verwaltungsgebäuden, ist zu prüfen, ob nicht eine Fassadenbegrünung oder bei Flachbauten eine Dachbegrünung vorgenommen werden kann. In Frage kommen hierfür einheimische Kletter- und Windepflanzen wie z. B. Efeu, Wilder Wein oder Geisblatt. Die Begrünung kann dazu beitragen das Mikroklima der Gebäude zu verbessern, da an kalten Tagen oder Nächten die Abstrahlung von Wärme und an heißen Tagen die Aufheizung der Wände verlangsamt wird. Der Energiebedarf für die Erhaltung eines angenehmen Raumklimas wird sich in Gebäuden mit Fassadenbegrünung reduzieren. Dieser Effekt wird noch verstärkt, wenn auf der Südseite der Gebäude laubabwerfende Bäume gepflanzt werden, die im Sommer Schatten spenden und im Winter wärmende Sonnenstrahlen durchlassen. Nebenbei dienen die Pflanzen als Nistmöglichkeit und ihre Früchte als Nahrungsquelle für Vögel und andere Kleintiere. Zusätzliche Nisthilfen können die Besiedelung beschleunigen.

Literaturverzeichnis

Bücher

Bayerische Landesanstalt für Wasserforschung (Hrsg.) (1990)
Umweltverträglichkeit von Wasch- und Reinigungsmitteln. Münchner Beiträge zur Abwasser-, Fischerei- und Flußbiologie, Band 44. Oldenburg-Verlag, München

Bundesministerium für Wirtschaft (Hrsg.) (1985) Energiesparen im Betrieb. Bundesministerium für Wirtschaft, Bonn

Bundesministerium für Wirtschaft (Hrsg.) (o. J.) Haushalten im Haushalt – Energie-Spar-Tips. Bundesministerium für Wirtschaft, Bonn

Daschner F (Hrsg.) (1992) Praktische Krankenhaushygiene und Umweltschutz. Springer Verlag, Berlin, Heidelberg, New York

Deutsche Krankenhausgesellschaft (1993) Umweltschutz im Krankenhaus – Ergebnisbericht. DKG, Düsseldorf

Forschungs- u. Prüfinstitut für Gebäudereinigungstechnik (Hrsg.) (1988) Umweltbewußter Einkauf von Reinigungs- und Pflegemitteln für Großverbraucher. Lutz-Fachbücher, Dettingen

Grießhammer R, Schmincke E, Fendler R, Geiler N, Lütge E (1991) Entwicklung eines Verfahrens zur ökotoxologischen Beurteilung und zum Vergleich verschiedener Wasch- und Reinigungsmittel. Forschungsbericht 102 06 113, UBA-FB 91-015. Umweltbundesamt Berlin

Klöpfer M (1992) Umweltschutz – Textsammlung des Umweltrechts der BRD. Beck, München

Kunz, P, Frietsch G (1986) Mikrobizide Stoffe in biologischen Kläranlagen. Springer Verlag, Berlin, Heidelberg, New York

Lutz W (1990) Lexikon für Reinigungs- und Umwelttechnik. ecomed, Landsberg

Lutz W (1989) Lehrbuch der Reinigungs- und Hygienetechnik. Lutz-Fachbücher, Dettingen

Lutz W (1990) Denk mit – Ökoratgeber. ecomed Verlagsgesellschaft, Landsberg

Müller KR, Schmitt-Gleser G (1993) Handbuch der Abfallentsorgung (Band I–III). ecomed Verlagsgesellschaft mbH, Landsberg

N. N. (1992) Umweltrecht. C.H. Beck, München

Natsch B (1993) Gute Argumente: Abfall. Beck'sche Verlagsbuchhandlung, München

Ökoinstitut Freiburg, Katalyse Umweltgruppe (Hrsg.) (1984) Chemie im Haushalt. Rowohlt Verlag, Reinbek

Riedesser K, Talay R (o.J.) Ökologie im Büro. Bundesdeutscher Arbeitskreis für Umweltbewußtes Management (B.A.U.M.) e.V., Hamburg

Roth L (1990) Wassergefährdende Stoffe. ecomed, Landsberg

Stiftung Verbraucherinstitut (1988) Der neue Ökoputzschrank. Versandservice Verbraucherinstitut, Olsberg

Streit B (1991) Lexikon Ökotoxikologie. VCH Verlagsgesellschaft, Weinheim

Umweltbundesamt (Hrsg.) (1993) Umweltfreundliche Beschaffung, 3. Aufl. Bauverlag, Berlin

v. Köller H (1990) Leitfaden Abfallrecht – Ein Ratgeber für Betriebsbeauftragte für Abfall, Entsorger und Verwalter. Schmidt Verlag, Berlin

Wichmann HE, Schlipköter HW, Fülgraff G (Hrsg.) (1992) Handbuch der Umweltmedizin. ecomed, Landsberg

Zeitschriften

N.N. (1992) Der neue Ökoputzschrank. Ökotest-Magazin, Heft 11, S. 29 f

Nottebrock D (1992) Abfallvermeidungsstrategien beim Materialeinkauf – Möglichkeiten und Grenzen der Wiederverwertung von Krankenhausabfällen. Krh.-Hyg. + Inf.verh. (14), S. 34 ff

Sachverzeichnis

Springer-Verlag und Umwelt

Als internationaler wissenschaftlicher Verlag sind wir uns unserer besonderen Verpflichtung der Umwelt gegenüber bewußt und beziehen umweltorientierte Grundsätze in Unternehmensentscheidungen mit ein.

Von unseren Geschäftspartnern (Druckereien, Papierfabriken, Verpackungsherstellern usw.) verlangen wir, daß sie sowohl beim Herstellungsprozeß selbst als auch beim Einsatz der zur Verwendung kommenden Materialien ökologische Gesichtspunkte berücksichtigen.

Das für dieses Buch verwendete Papier ist aus chlorfrei bzw. chlorarm hergestelltem Zellstoff gefertigt und im pH-Wert neutral.